图像序列运动分析技术与应用

项学智 著

U0305327

科学出版社

北京

内 容 简 介

本书较为全面地介绍了图像序列运动分析中光流与场景流计算的有关原理和技术方法，并探讨了相关应用。主要内容包括变分光流计算技术、彩色光流计算技术、基于卷积神经网络的光流计算技术、光流计算技术应用，并在此基础上进一步探讨了变分场景流计算基本原理与技术，以及场景流计算技术应用等。本书紧跟上述内容的国内外发展现状和成果，对二维与三维稠密运动分析进行了深入探讨与研究。

本书适合计算机视觉相关研究方向的研究生和高年级本科生阅读，同时可作为相关领域研究人员和算法工程师的参考资料。

图书在版编目（CIP）数据

图像序列运动分析技术与应用/项学智著. —北京：科学出版社，2018.11
ISBN 978-7-03-059155-5

Ⅰ. ①图… Ⅱ. ①项… Ⅲ. ①计算机视觉-研究 Ⅳ. ①TP302.7

中国版本图书馆 CIP 数据核字（2018）第 242265 号

责任编辑：刘　博　王迎春 / 责任校对：郭瑞芝
责任印制：吴兆东 / 封面设计：迷底书装

科　学　出　版　社　出版
北京东黄城根北街 16 号
邮政编码：100717
http://www.sciencep.com

北京虎彩文化传播有限公司 印刷
科学出版社发行　各地新华书店经销
*
2018 年 11 月第　一　版　开本：720×1000　1/16
2019 年 2 月第二次印刷　印张：10 1/4
字数：200 000
定价：88.00 元
（如有印装质量问题，我社负责调换）

前　　言

基于图像序列的稠密运动分析是计算机视觉领域的重要研究课题，是进行图像场景理解的重要基础。本书聚焦于恢复二维运动的光流计算技术与恢复三维运动的场景流计算技术，并对相关技术在深度恢复与三维目标检测方面的应用进行了阐述。

本书的章节安排及各章论述的主要内容如下。

第 1 章主要对光流与场景流的基本概念、相关计算技术的基本原理、国内外发展现状及面临的主要问题等进行综述。

第 2 章介绍经典的变分光流计算基本原理，内容涉及常用的数据项与平滑项，并对光流计算误差分析方法进行论述。

第 3 章重点阐述彩色图像序列光流计算方法，提出色彩梯度恒常光流计算方法、融合图像彩色信息的可靠性判定光流计算方法，以及局部与全局结合的彩色图像序列光流计算方法，通过在算法中融入彩色信息，能够有效克服孔径问题，提升光流计算精度。

第 4 章聚焦于变分光流计算技术，综合光流计算中常用的数据项与平滑项假设，给出一种改进的变分多约束稠密光流计算方法，有效地突出了运动细节，得到了较高的光流计算精度。

第 5 章针对目前发展迅速的深度学习技术，提出一种基于深度卷积神经网络的有监督光流学习方法，利用卷积神经网络强大的非线性映射能力从运动数据集中学习运动先验信息，并结合变分光流计算中的传统先验约束，训练得到的模型能够处理较为复杂的大位移运动，具有精度高、计算速度快的优点。

第 6 章论述光流计算技术的两个应用案例，给出融合光流与分割的立体视差计算方案与基于光流的 2D 到 3D 视频转换方案，并通过实验证明了所给出方案的有效性。

第 7 章介绍基于立体视觉系统的变分场景流计算技术基本原理，提出了基于自适应各向异性全变分流驱动的场景流计算方法，并在公用数据集及自制数据集上进行实验，证明所提出方法的有效性。

第 8 章针对基于 RGB-D 图像序列的变分场景流计算展开论述，提出深度图引导各向异性全变分场景流计算方法，并就算法参数调节对结果的影响进行了讨论，在公用数据集及自制数据集上的实验表明所提出的方法可有效提升场景流计算结果。

第 9 章面向三维运动目标检测问题，提出一种基于场景流聚类的运动目标检测方法,利用迭代自组织数据分析方法(ISODATA)结合设计的七维特征向量对场景流进行聚类,从而得到运动目标的分割图与三维质心坐标等信息。

本书的出版得到了国家自然科学基金项目(No.61401113)、黑龙江省留学归国人员基金项目(No.LC201426)经费资助。在本书编写过程中,加拿大渥太华大学Abdulmotaleb El Saddik 教授、赵继英教授提供了宝贵意见,课题组研究生翟明亮、吕宁、张荣芳、徐旺旺、白二伟、肖德广、王文一、张宇等提供了实验图像与数据,并做了大量分析工作,科学出版社也为本书的出版提供了大力支持与帮助,在此一并致谢。

限于作者水平,书中不足之处在所难免,恳请广大读者批评指正。

作　者

2018 年 7 月

目　　录

第 1 章　绪论 ……………………………………………………………… 1

1.1　引言 …………………………………………………………………… 1

1.2　光流计算及其研究现状 ……………………………………………… 1

　　1.2.1　光流的基本概念 ……………………………………………… 1

　　1.2.2　光流与真实运动 ……………………………………………… 2

　　1.2.3　光流基本方程 ………………………………………………… 2

　　1.2.4　光流计算中存在的问题 ……………………………………… 3

　　1.2.5　光流计算技术国内外研究现状 ……………………………… 4

1.3　从光流到场景流 ……………………………………………………… 8

　　1.3.1　场景流的基本概念 …………………………………………… 8

　　1.3.2　场景流计算技术国内外研究现状 …………………………… 8

本章小结 …………………………………………………………………… 10

第 2 章　变分光流基本约束与误差评估 ………………………………… 11

2.1　引言 …………………………………………………………………… 11

2.2　光流计算数据项 ……………………………………………………… 11

　　2.2.1　亮度恒常约束 ………………………………………………… 11

　　2.2.2　高阶恒常约束 ………………………………………………… 12

　　2.2.3　局部恒常约束 ………………………………………………… 13

2.3　光流计算平滑项 ……………………………………………………… 14

　　2.3.1　全局平滑约束 ………………………………………………… 14

　　2.3.2　有向平滑约束 ………………………………………………… 16

2.4　光流计算误差分析 …………………………………………………… 17

本章小结 …………………………………………………………………… 18

第 3 章　彩色图像序列光流计算方法 …………………………………… 19

3.1　引言 …………………………………………………………………… 19

3.2　彩色图像序列光流计算基本原理 …………………………………… 19

　　3.2.1　Lambertian 表面 ……………………………………………… 19

　　3.2.2　颜色模型 ……………………………………………………… 20

　　　3.2.3　灰度一致性约束 ···21

　　　3.2.4　色彩一致性约束 ···22

3.3　基于色彩梯度恒常的光流计算方法 ··24

　　　3.3.1　色彩梯度 ··24

　　　3.3.2　算法实现 ··25

　　　3.3.3　实验与误差分析 ···26

3.4　基于可靠性判定的彩色图像序列光流计算方法 ·····························29

　　　3.4.1　彩色光流估计可靠性判定 ···30

　　　3.4.2　算法实现 ··31

　　　3.4.3　实验与误差分析 ···32

3.5　局部与全局相结合的彩色图像序列光流计算方法 ·······················34

　　　3.5.1　彩色 Lucas-Kanade 光流算法 ···34

　　　3.5.2　彩色 Horn-Schunck 光流算法 ···34

　　　3.5.3　算法实现 ··35

　　　3.5.4　实验与误差分析 ···37

　本章小结 ···40

第 4 章　变分多约束稠密光流计算方法 ···41

4.1　引言 ···41

4.2　变分偏微分光流基本形式 ··41

4.3　能量函数的设计 ··42

　　　4.3.1　复合数据项的构建 ···42

　　　4.3.2　平滑项的设计 ···43

4.4　鲁棒惩罚函数 ··44

　　　4.4.1　变分有界函数空间与全变分范数 ···44

　　　4.4.2　基于鲁棒函数的光流能量函数 ···45

4.5　能量泛函极小化及其数值计算 ··47

　　　4.5.1　能量泛函极小化 ···47

　　　4.5.2　数值计算 ··48

4.6　基于图像金字塔的多分辨率光流计算 ··50

　　　4.6.1　图像金字塔及其构建 ···51

　　　4.6.2　多分辨率光流计算框架 ···51

4.7　实验与误差分析 ··53

　　　4.7.1　合成图像序列实验 ···53

　　　4.7.2　真实图像序列实验·······································55

　本章小结···57

第5章　基于卷积神经网络的有监督光流学习方法·······58

　5.1　引言···58

　5.2　有监督光流学习网络基本原理·······························58

　5.3　有监督光流学习网络设计·····································59

　　　5.3.1　网络架构···59

　　　5.3.2　多假设约束学习···62

　5.4　实验与误差分析···64

　　　5.4.1　训练与评估数据集·······································64

　　　5.4.2　训练策略···65

　　　5.4.3　实验结果与分析···66

　　　5.4.4　消融分析···69

　　　5.4.5　光流计算时间分析·······································70

　本章小结···71

第6章　基于光流的立体视差计算·······························72

　6.1　引言···72

　6.2　极线几何与极线校正···72

　6.3　立体视觉匹配中视差与深度的关系···························73

　6.4　融合光流与分割的立体视差计算·····························74

　　　6.4.1　算法框架···74

　　　6.4.2　基于彩色分割的一致性区域提取·······················75

　　　6.4.3　视差平面提取···77

　　　6.4.4　置信传播···77

　　　6.4.5　实验分析···78

　6.5　基于光流的2D到3D视频转换·······························80

　　　6.5.1　面向压缩视频的光流计算·······························80

　　　6.5.2　基于光流与分割的2D到3D视频转换···················84

　本章小结···90

第7章　基于立体视觉的变分场景流计算方法·················91

　7.1　引言···91

　7.2　双目立体视觉系统···91

　7.3　自适应各向异性全变分流驱动场景流计算框架···········94

　　　7.3.1　亮度和梯度恒常约束相结合的数据项设计 ·············94

　　　7.3.2　自适应各向异性全变分流驱动平滑项设计 ·············96

　7.4　基于立体视觉的变分场景流求解 ·······························99

　　　7.4.1　场景流能量泛函的变分极小化 ························99

　　　7.4.2　场景流多分辨率求解策略 ···························101

　7.5　实验与误差分析 ··103

　　　7.5.1　误差指标 ···································103

　　　7.5.2　Middlebury 数据集测试 ·························104

　　　7.5.3　hemi-spheres 数据集测试 ·······················110

　　　7.5.4　真实场景数据集测试 ···························112

　本章小结 ··114

第 8 章　基于 RGB-D 图像序列的变分场景流计算方法 ···············116

　8.1　引言 ··116

　8.2　深度图驱动各向异性全变分场景流计算框架 ·····················116

　　　8.2.1　基于三维局部刚性假设的数据项设计 ···················116

　　　8.2.2　深度图驱动各向异性平滑项设计 ·····················119

　8.3　场景流能量泛函求解 ·····································119

　　　8.3.1　基于辅助变量的场景流求解 ·······················119

　　　8.3.2　场景流多分辨率求解策略 ·························124

　8.4　实验与误差分析 ··124

　　　8.4.1　基于 Middlebury 立体数据集的场景流评估 ···············125

　　　8.4.2　场景流计算的参数优化 ··························129

　　　8.4.3　真实数据场景流计算评估 ·························132

　本章小结 ··138

第 9 章　基于场景流聚类的运动目标检测 ·······················139

　9.1　引言 ··139

　9.2　ISODATA 聚类分析 ······································139

　9.3　基于场景流聚类的 3D 目标检测 ·····························142

　9.4　实验分析 ···143

　本章小结 ··147

参考文献 ···148

第1章 绪 论

1.1 引 言

二维及三维运动估计是当前科学界与工业界均给予关注的热门研究领域。传统的数字视频记录的是三维动态场景在二维平面上的投影,表现为二维图像序列,相应的二维运动即为三维运动在二维图像平面上的投影。随着研究的深入,运动估计的研究热点已从早期的稀疏运动估计向目前的稠密运动估计转移,二维稠密运动用光流(Optical Flow)来表示,流速场又称为光流场,而三维稠密运动是光流在三维空间中的扩展,以场景流(Scene Flow)来表示。光流及场景流可以提供计算机视觉研究中重要的底层信息,如何正确地求解光流和场景流是视觉计算需要解决的重要问题。

1.2 光流计算及其研究现状

1.2.1 光流的基本概念

基于图像序列的运动分析是图像处理、计算机视觉领域的一个重要研究分支。当在三维空间中利用摄像机对运动目标成像时,其在二维图像平面上也将形成运动,这种运动以图像平面上的亮度模式表现出来,称为光流。光流是一种二维速度场,其在图像中某一点处表现为水平和垂直两个速度分量,光流计算即求解这两个速度分量。基于光流场的运动分析可确定三维空间中运动目标与观察者之间的相对运动参数,相对于静止图像而言,动态图像序列增加的时间维成为目标检测、识别、3D重建等的重要信息来源。光流场可以提供计算机视觉研究中重要的底层信息,因此,如何正确求解光流场成为视觉计算需要解决的重要问题。

光流场在许多领域里有着潜在的应用前景:①军事领域,可进行复杂环境下的多目标检测与跟踪;②工业领域,可用于动态监测和控制,如车辆自主导航、粒子图像测速(Particle Image Velocimetry, PIV)等;③医学领域,可用于医学图像序列分析,如心脏跳动分析、血流分析;④气象学领域,可用于卫星或红外云图的分析预报;⑤商业领域,可用于视频编码压缩、高端智能监控;除此之外,还可广泛用于面部表情分析、生物视觉系统研究等科学领域。所以对光流场计算技术的研究既有重要的理论意义,又可极大地促进光流技术在各个领域的应用。

1.2.2　光流与真实运动

光流是 3D 运动投影到 2D 图像平面上亮度模式的表观运动（Apparent Motion），是重要的计算机视觉底层信息。光流计算可用来寻找动态图像序列中对应像素的位移大小和方向，是计算机视觉中的重要研究课题。在早期的运动分析中，常对运动目标和背景分别建模从而求解运动，但对摄像机与目标均产生运动及复杂的非刚体运动情况，则需要借助光流来进行分析。

在理想情况下，光流场和运动场应保持一致，但实际上并非如此。考虑光源与均匀球体运动的两种情况，如图 1-1 和图 1-2 所示。

图 1-1　光源静止　　　　　　　　　　图 1-2　目标静止

图 1-1 为均匀球在恒定光源照射下旋转，此时运动场不为零，但由于球是均匀的，图像中灰度保持不变，即观察不到亮度随时间的变化，因此光流场处处为零。图 1-2 为光源移动而球不动的情况，此时运动场为零，而图像中灰度发生了改变，即可观察到亮度随时间的变化，因此光流场不为零。这是两种极端情况，说明运动场和光流场并不总是保持一致，通过动态图像序列计算得到的是图像灰度随时间的变化，即光流场。通常情况下，希望光流场尽量接近运动场，研究光流场的目的就是从动态图像序列中近似计算不易直接得到的运动场。

1.2.3　光流基本方程

利用动态图像序列计算光流场通常遵循亮度恒常假设，即图像序列中参与运算的图像间同一运动目标上相应的像素亮度值不变，该假设是微分光流计算中的基本假设，由该假设可导出式（1-1）所示的光流梯度约束方程（Gradient Constraint Equation，GCE），也称光流基本方程

$$f_x u + f_y v + f_t = 0 \qquad\qquad (1\text{-}1)$$

1.2.4 光流计算中存在的问题

光流的概念自诞生以来，对其理论与应用的研究从未停止，经过几十年的发展，光流计算取得了长足进步，但也面临众多挑战，主要表现为以下几点。

1. 孔径问题

式（1-1）所示的梯度约束方程给出了光流求解的一个约束，但该方程具有水平运动分量 u 和垂直运动分量 v 两个未知数，因此无法唯一确定光流解，这使得求解问题成为一个不适定问题，称为"孔径问题"。

式（1-1）可以看成向量 $[f_x, f_y]^T$ 与 $[u, v]^T$ 的点积，即

$$[f_x, f_y]^T \cdot [u, v]^T = -f_t \tag{1-2}$$

沿梯度方向的光流大小为 $f_t / \sqrt{f_x^2 + f_y^2}$，则梯度约束方程可以看成速度平面上的一条直线，可以看出，梯度约束方程确定的只是如图 1-3 所示的一条约束线，无法定解，为了求得光流分量，必须附加其他约束条件。

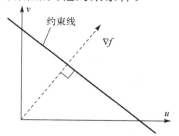

图 1-3 梯度约束方程确定的约束线

2. 运动边界不连续问题

在运动目标与背景的边界处及不同运动目标的遮挡边界处不可避免地会出现运动不连续，即运动边界，如图 1-4 所示。

(a)　　　　　　　　(b)　　　　　　　　(c)

图 1-4 光流计算产生的运动模糊

图 1-4 描述了光流计算中的运动边界不连续问题。图 1-4(a) 是动态图像序列 street 中的第 10 帧，该序列中汽车由左向右匀速运动，同时背景缓慢向左移动。图 1-4(b) 为序列第 10、11 帧正确光流场映射得到的图像，其在运动目标与背景处具有锐利的边缘。图 1-4(c) 为采用全局平滑约束计算得到的光流场映射图像，在运动边界处产生了较大的运动模糊，可见运动不连续为光流计算带来了极大挑战。同时基于邻域加权的方法在运动边界处也会产生较大的估计误差。现有的方法中多采用鲁棒统计来缓解运动不连续问题，但尚不能完全消除运动不连续带来的影响，因为该问题的本质是运动边界处会产生遮挡与裸露等无对应区域，而这部分区域无法进行精确光流求解。

3．大位移问题

变分光流方法在帧间位移不大于 1 像素时能够准确估计光流，而随着位移的增大，估计精度会急剧降低，这主要是由泰勒级数展开时略去高次项造成的。现有方法中，通常利用多尺度多分辨率方法来缓解该问题，应用中常使用基于金字塔的图像变换或小波等技术来实现。

4．非平移问题

目前多数光流计算方法均隐含假设图像局部区域满足平移运动，但实际情况经常不满足这种假设，如旋转、扩散及非刚体运动等。如果用于计算光流的局部窗口较大，窗口中包含非平移运动，则会产生较大的估计误差；如果局部窗口选择得足够小，则窗口内的运动可近似为平移运动，此时计算精度较高。

5．由数据学习光流先验信息的问题

传统的光流计算方法绝大部分基于变分极小化方法，利用施加的各种先验约束求解运动，算法本身不具备从数据中直接学习运动规律的能力，随着机器学习与深度学习的发展，利用相关技术直接从运动数据集中学习先验知识并用于运动推断成为值得深入研究的问题。

1.2.5　光流计算技术国内外研究现状

光流的概念是 20 世纪 50 年代在心理学领域提出的，但由于缺乏有效的计算方法而一直未被应用。Horn 与 Schunck 最早在论文中给出了一种有效的光流估计方法，从而第一次将光流从概念变为实用技术，是光流场计算发展中的里程碑。随后的十多年里，研究人员陆续发明了众多的光流估计方法，Barron 在其经典论文里将这些算法分为四大类，即基于梯度的方法(微分法)、基于区域的方法(匹配法)、基于能量的方法(能量法)和基于相位的方法(相位法)，并提出了光流估计结果评测方法，这些方法构成了早期光流计算及评测技术的主体，其中微分法因其优异的综合性能而被后续算法广泛采用。利用微分法求解光流首先需要构建能量泛函，并使用变分方法极小化该能量函数，得到的 Euler-Lagrange 方程即为要求解的偏微分方程组，所以微分法又称为变分光流法。变分光流法的能量函数通常由数据项和平滑项组成，数据项表示光流估计的数据约束，其信息来自于图像序列，平滑项表示光流估计的附加约束条件，以各种平滑假设模型组成，用以克服孔径问题，获得稠密光流场。变分光流方法间的差别主要体现在数据项和平滑项的设计上。

经典的数据项假设为亮度恒常假设，来自于 Horn-Schunck 方法，其假设物体在运动过程中表面亮度保持恒定，从而可以将图像灰度看作不变量进行光流估计。同时，他们对数据项使用了二次惩罚函数以排除集外点造成的影响。Black 和 Anandan 对此进行了改进，他们使用非二次鲁棒惩罚函数来获得更精确的结果。Lucas 与 Kanade 提出了一种邻域约束假设，该方法假设邻域窗口内像素点具有相同的运动矢量，通过最小二乘法计算光流，该方法对噪声有一定的抵抗能力，但在缺少纹理的图像平坦区域容易产生光流空洞。亮度恒常假设在很多条件下不能很好地得到满足，如在光照变化的情况下将带来较大的估计误差。为解决该问题，Tretiak 等提出利用梯度恒常性假设求解光流场，梯度对光照变化不敏感，可在一定程度上提高光流估计精度。项学智提出将梯度扩展至多通道彩色域，将矢量梯度作为不变量求解光流场，也取得了较好的效果。为进一步提高鲁棒性，Brox 在变分框架下合并了亮度恒常假设与梯度恒常假设，从而构成了复合数据项。Bruhn 和 Weickert 对该方法进行了改进，对亮度和梯度恒常项分别使用鲁棒惩罚函数，这在两个恒常项其中之一产生集外点时能够带来好处。Xu 则在此基础上更进一步给出了一个二值映射函数，以根据不同情况选择单独使用亮度或梯度恒常假设。梯度恒常假设本质上是一种高阶恒常假设，其在图像序列中存在一阶形变的情况下不适用。除此之外，Wedel 也提出了一种基于图像结构纹理分解的高阶恒常量。

除亮度与梯度外，彩色作为一种重要的光流求解不变量在很长一段时间内被研究者忽视。光流估计受孔径问题影响，在求解过程中加入彩色信息可有效缓解以上问题。颜色不随光照变化而改变，其多通道特性为光流求解提供了天然的附加约束，相对于图像灰度更适合于作为光流求解的不变量，且利用颜色作为不变量不需要对光源进行建模，从而避免了模型误差。Ohta 提出了利用 RGB 彩色空间信息求解光流场的方法，RGB 彩色图像中的 3 个分量平面可看成 3 幅独立的灰度图像，它们在图像处理中具有同等的作用，将灰度光流求解中的亮度恒常假设应用于彩色图像中的 3 个颜色分量，即可分别得到关于 R、G、B 3 个分量的梯度约束方程，将其联立可得一个关于速度分量的超定方程组，利用最小二乘法求解即可获得光流。Golland 在深入研究了光照模型的基础上，提出了色彩一致性假设，从理论上证明了该假设的合理性，并研究了 RGB、归一化 RGB 及 HSV 3 种彩色模型下的光流估计方法，对 3 种模型在不同运动形态下的求解精度进行了数值实验分析。Barron 和 Klette 将传统的灰度微分光流方法扩展至彩色域，并提出了一种已知摄像机运动情况下的光流估计方法，提高了光流估计精度。Andrew 和 Lovell 提出了一种彩色光流估计的融合方法，该方法通过选择各彩色通道中置信度最高的光流估计结果作为最终结果来达到光流融合的目的。Weijer 等在总结已有彩色不变量的基础上，提出了基于彩色张量的光流估计方法。截至目前，大部分变分光流估计算法都会在数据项中集成彩色信息，这充分说明其在提高光流估计精度方面具有不可替代的作用。

亮度恒常假设、梯度恒常假设及各种基于彩色的不变量假设构成了变分光流计算数据项约束的主体，主要作用是利用图像数据来约束光流求解。与此相对应，平滑项作为附加约束项使流场保持一致平滑，使病态问题正则化，从而产生稠密的光流场。最初的平滑模型是 Horn 与 Schunck 提出的全局平滑假设模型，该假设只考虑了流场的平滑性，而未考虑流场的不连续性，这在由遮挡造成的运动边缘位置易产生过平滑，使运动边缘模糊，降低估计精度。Bruhn 联合使用邻域一致性假设与全局平滑假设，提出了局部与全局相结合的光流估计方法，提高了估计精度。项学智将局部与全局优化扩充至彩色域，提出了 3 种通用的优化融合模型。针对全局平滑假设模糊运动边缘的问题，Nagel 提出了各向异性有向平滑约束，该约束沿图像边缘方向平滑流场，从而改善了边缘位置的流估计效果。Alvarez 则针对平滑权重的调节提出了一种各向同性模型，该模型通过标量值加权函数减弱在图像边缘处的正则化。由于使用了图像信息设计平滑项，此类方法又被称为图像驱动方法。但是，图像边缘并非总是对应着运动边缘，在纹理区域，图像驱动方法倾向于给出过分割的结果。为解决该问题，流驱动正则化方法被提出，该方法考虑了光流场的不连续性，因此可有效避免被图像纹理所误导。在各向同性的情况下，流驱动正则化可通过对平滑项施加非二次惩罚函数来实现，这种思想在 Brox 与 Bruhn 的方法中均被成功应用。随后，Zimmer 将图像驱动与光流驱动相结合，提出了基于各向异性平滑的图像与光流联合驱动流估计方法。Sun 和 Werlberger 使用非局部平滑约束，该约束假设某一像素位置处的流矢量可与较大空间邻域内的流矢量一致平滑，可获得锐利的运动边缘。

除孔径问题外，变分光流方法面临的另一个问题是大位移问题，为克服该问题，可采用基于金字塔的分级计算技术进行光流求解。几乎所有的现代变分光流算法都是在金字塔框架下完成计算的，传统的图像金字塔基于隔行隔列的方法进行下采样，这种分级方法不够细致，常会在层间映射中引入较大误差。Brox 对传统金字塔进行了改进，使用更细的分级方式，通过增加金字塔层数提高光流估计精度。同时，Brox 还注意到在金字塔分层过程中小于位移的图像细小结构会在下采样时丢失，并使用匹配描述子解决该问题。Xu 在金字塔每一层计算中降低对光流初始值的依赖，通过引入候选解提高估计精度。Sun 则在金字塔每一层的计算中引入中值滤波来降低层间映射误差。

　　近年来，随着深度学习的快速发展，其在图像分类、目标检测、自然语言处理等方面均取得了令人瞩目的成就，同时在光流计算方面也开始崭露头角，利用深度网络强大的非线性映射能力，使得利用学习方法由运动数据集中学习运动先验信息成为可能，由于采用卷积神经网络架构，经过 GPU 加速，可实现实时光流计算，对自动驾驶等对实时性要求较高的领域具有重要意义。在深度学习光流计算领域，Dosovitskiy 首次提出了基于卷积神经网络的 FlowNet 模型来进行端到端的有监督光流学习，同时，他们还发布了名为 FlyingChairs 的大型合成数据集用于训练网络。FlowNet 采用的 U 型网络架构包含一个收缩部分和一个扩张部分，输入两帧图像，网络可以直接预测输出稠密光流。此外，该网络将端点误差(EPE)作为训练的损失函数，其是对光流的简单约束，它只计算真值光流与预测光流之间的误差，并不包含图像对和光流之间的约束关系，忽略了变分框架中的传统运动假设。随后，Mayer 发布了一个用于训练视差和光流的更为大型的合成数据集 Things3D。Teney 提出了一种卷积神经网络架构用于学习来自视频序列的密集光流，该网络仅在 Middlebury 数据集的 8 个序列上进行了训练。Ranjan 借鉴传统光流计算中的多分辨率技术，将空间金字塔与深度学习结构相结合来估计光流，首先估算出粗糙层上的大位移光流，然后上采样到精细层分辨率后将第二幅图像基于光流向第一幅图像进行变形从而减小残差，提升估计精度。Ilg 在 FlowNet 的基础上提出了 FlowNet 2.0 架构，通过堆叠多个 FlowNet 子网络来提高光流估计的准确性，该网络首先在 FlyingChairs 上进行训练，然后在 Things3D 数据集上进行微调，这种基于网络堆叠的改进方式虽然提高了光流估计精度，但增加了程序运行时间。有监督光流学习方法需要大规模真值运动数据进行训练，但真实场景的稠密光流真值通常难以获取，为解决该问题，研究人员提出了无监督光流学习方法。Ahmadi 利用 UCF101 数据集来进行无监督网络训练，并使用亮度恒常假设来约束网络训练。Yu 设计了一种基于 FlowNetS 架构的无监督网络，其中损失函数由亮度恒常假设与空间平滑约束共同组成。Ren 则在 FlowNet 架构基础上使用非线性数据项和空间平滑项来约束网络训练过程。Zhu 将 DenseNet 架构引入光流学习网络中，使用全卷积网络(FCN)以无监督方式进行网络训练。虽然无监督方法不需要使用大规模真值数据集作为训练样本，但目前其准确性仍低于有监督方法。

　　随着光流计算技术的广泛应用，国内一些学者也开展了相关研究，如南昌航空大学的陈震等、西安电子科技大学的卢宗庆、哈尔滨工业大学的张泽旭等均进行了系统的光流计算与应用研究，取得了系列研究成果。

　　在光流计算误差分析方面，Middlebury 网站、Sintel 网站及 KITTI 网站等均提供了相对完整的算法列表并发布了光流测试数据集。

1.3　从光流到场景流

1.3.1　场景流的基本概念

场景流的概念是在光流的基础之上提出的。在早期的计算机视觉研究中，人们仅能从二维图像序列中恢复表观运动，即光流，以此近似真实运动场，并进一步研究场景中的相对运动关系与三维结构。当场景表现为完全的非刚体运动时，为表征稠密的三维运动，场景流应运而生。场景流表示场景表面每一个点的三维运动，是一种三维稠密矢量运动场，光流可看作场景流在二维图像平面上的投影。相对于光流，场景流在表示真实运动场方面更具优势，可为计算机视觉研究提供更真实的底层信息，因此如何正确地求解场景流是当前视觉计算中迫切需要解决的问题。目前场景流的计算主要分为基于双目/多目的被动方案与基于深度传感器的 RGB-D 主动方案。

场景流在许多方面具有潜在的应用前景，相对于传统光流在二维平面上分析运动，在具备立体成像设备时，这些应用可基于场景流进行三维扩展。由于具备深度方向上的流速信息，场景流在车辆自动驾驶、立体视频编码、三维人脸识别、动态场景重建等方面较光流具有更大的优势。

1.3.2　场景流计算技术国内外研究现状

场景流是光流在三维空间的扩展，以往的三维运动估计是针对静态场景和刚体运动的，为进一步分析三维场景中的任意稠密运动，CMU 的 Vedula 等于 1999 年首次提出了"场景流"的概念，其可用来表示点在真实世界中的三维运动场。与光流求解的情况类似，在没有平滑或者正则化的情况下，由于线性相关而不能直接使用多相机的法向流估计稠密场景流，场景流的估计也是一个病态问题。要求解稠密场景流，通常有两种选择：①在图像平面中正则化流场，即基于光流计算场景流；②在场景目标表面正则化流场。

基于光流的场景流计算将光流计算与深度估计相结合，利用多相机系统恢复深度信息，将二维平面运动估计向三维运动估计扩展是此类方法的特点，这与基于深度的分层光流方法类似，但使用多相机恢复深度相对于单相机的深度推断方法更为准确。Min 与 Huguet 较早地将变分正则化方法引入场景流计算以得到稠密的流场，此类方法使用双目立体摄像机系统。Vedula 和 Pons 则使用更多的摄像机来获取精确的流场，Vedula 的实验数据来自 CMU 的虚拟现实穹顶系统，该系统使用了 51 台摄像机，Pons 的实验数据则由 22 台摄像机采集，多摄像机系统无疑将引入更多的待处理数据，同时摄像机的标定与同步也是一项极具挑战性的任务。为提高计算速度，

Franke 和 Rabe 研究了场景流的快速算法，达到了实时效果，但他们的算法仅能提供稀疏场景流。德国戴姆勒公司资助 Franke 团队研发了基于场景流的 6D-Vision 系统，并将其率先装配于梅赛德斯奔驰 S 级车型上，该系统可在 200ms 内做出前方障碍物躲避判断。Isard 给出了另一种速度较快的算法，可在数秒内完成场景流计算，但其仅能得到整像素精度的流场。由此可见，场景流计算的精度与速度是一对矛盾，以往的快速场景流算法均以牺牲精度与稠密性来换取计算速度的提升。在最近的研究成果中，Wedel 等建议了一种深度分离场景流估计方案，通过将视差估计从变分框架中剥离，达到减小计算量的目的，同时利用 GPU 加速场景流计算，他们的算法针对 QVGA 立体图像序列可达到 20Hz 的计算速度。场景流能量函数的求解本质上是一种凸优化，当能量泛函为多峰函数时，解对初值敏感，Wedel 的方法可以方便地引入最新的立体视觉算法，有助于找到接近最优解的初值点，具有很大的灵活性，但视差在后续的变分优化中不会再被更新，而仅用来约束光流解，因此最终视差变化求解的精度完全依赖于选取的立体匹配算法精度。Vogel 基于立体视觉联合求解 3D 几何形状与 3D 运动，利用 3D 分段刚性假设进一步提高了场景流估计精度。当前的立体匹配方法聚焦于稠密视差估计，Scharstein 和 Szeliski 在大量研究基础上指出此类算法基本都包括匹配代价计算、代价聚集、视差估计和优化及视差求精四个步骤，Middlebury 网站则给出了相对全面的算法性能比较。以上场景流估计方法均是基于标定摄像机系统的，针对未标定情况，Valgaerts 提出了一种基于变分的运动、结构与立体摄像机间几何关系的联合估计方法，该方法除能得到计算场景流所需的运动与深度信息外，还能得到摄像机标定所需的基础矩阵，但该方法增加了优化变量个数，使计算量和优化难度大大增加。除此之外，研究者对在立体长序列中进行场景流的稳定计算也给予了极大关注，Hung 等假定长序列中运动目标具有时域一致性，通过投票机制来选取帧间对应点并排除集外点的影响，从而得到空间点的运动轨迹。Rabe 使用 Kalman 滤波完成了类似的任务。Basha 等提出了使用多视及三维流场平滑假设的场景流估计方法。

多视场景流估计方法采用基于立体对应的被动方式获取深度信息，这需要较大的优化计算量。在具备深度传感器（如基于 ToF 或结构光）时，可基于对齐的深度图与可见光图像进行场景流估计。Spies 等较早地利用局部优化方法针对单通道深度图计算场景流。随后，他们使用正则化方法扩展场景流计算，并将其用于植物叶子生长的测量。类似于光流估计，他们又将灰度图像融入计算框架，使用局部与全局相结合的方法进一步增强场景流估计效果。Lukins 将彩色信息融入场景流计算，结合 RGB 彩色通道与深度图通道提出了 4D Flow 的概念。Quiroga 等将光流计算中的局部与全局优化相结合的方法引入了基于深度传感器的场景流估计方法中，为场景流计算做出了新的探索。除此之外，Hadfield 独辟蹊径，使用粒子滤波估计场景流。

本 章 小 结

　　光流与场景流计算是计算机视觉领域中发展较快的研究方向。本章首先介绍了光流与场景流的基本概念，分析了光流与场景流的关系，然后阐述了光流与场景流计算技术的发展历史与国内外研究现状。本书的后续部分将详细介绍光流与场景流计算的理论及其应用。

第 2 章　变分光流基本约束与误差评估

2.1　引　　言

光流估计约束按照其功能通常分为数据项和平滑项两大类，常用的数据项约束有亮度恒常假设、梯度恒常假设、色彩恒常假设等，常用的平滑项假设约束有全局平滑假设、有向平滑假设等。数据项与平滑项用来构建光流能量泛函，并通过变分极小化方法进行求解。本章将在该框架下对常用的光流计算假设约束基本原理进行阐述并介绍光流场误差评估方法。

2.2　光流计算数据项

光流计算的数据项主要用来解决计算中的对应问题，通常表现为各种恒常假设约束。

2.2.1　亮度恒常约束

利用动态图像序列计算光流场通常遵循亮度恒常假设，即图像序列中参与运算的图像间同一运动目标上相应的像素亮度值不变，该假设是变分光流计算中的基本假设。

设 $f(x,y,t)$ 为 t 时刻图像上 (x,y) 点处的亮度值，$f(x+\mathrm{d}x, y+\mathrm{d}y, t+\mathrm{d}t)$ 为 $t+\mathrm{d}t$ 时刻图像相应像素点处的亮度值。根据亮度恒常假设有方程

$$f(x,y,t) = f(x+\mathrm{d}t, y+\mathrm{d}t, t+\mathrm{d}t) \tag{2-1}$$

将上式利用泰勒级数展开并略去二次以上高阶项，可得

$$\frac{\partial f}{\partial x} \cdot \frac{\mathrm{d}x}{\mathrm{d}t} + \frac{\partial f}{\partial y} \cdot \frac{\mathrm{d}y}{\mathrm{d}t} + \frac{\partial f}{\partial t} = 0 \tag{2-2}$$

定义

$$u(x,y) = \frac{\mathrm{d}x}{\mathrm{d}t}, \quad v(x,y) = \frac{\mathrm{d}y}{\mathrm{d}t} \tag{2-3}$$

则式 (2-2) 可表示为

$$f_x u + f_y v + f_t = 0 \tag{2-4}$$

式 (2-4) 称为梯度约束方程，该方程是变分光流方法的基础，因此也称为光流基本方程。

2.2.2 高阶恒常约束

Tretiak 等认为光流基本方程中已经体现了对光流场的平滑约束，因此应从其他方面考虑增加冗余。考虑图像本身在灰度上的连续性，可对灰度场施加约束。

由梯度约束方程，有

$$\frac{\partial f(x+\mathrm{d}x, y+\mathrm{d}y, t)}{\partial x} u(x+\mathrm{d}x, y+\mathrm{d}y, t) + \frac{\partial f(x+\mathrm{d}x, y+\mathrm{d}y, t)}{\partial y} v(x+\mathrm{d}x, y+\mathrm{d}y, t)$$
$$+ \frac{\partial f(x+\mathrm{d}x, y+\mathrm{d}y, t)}{\partial t} = 0 \tag{2-5}$$

对式 (2-5) 在 (x, y, t) 点进行泰勒级数展开，可得

$$\frac{\partial f(x+\mathrm{d}x, y+\mathrm{d}y, t)}{\partial x} = \frac{\partial f(x, y, t)}{\partial x} + \frac{\partial^2 f(x, y, t)}{\partial x^2}\mathrm{d}x + \frac{\partial^2 f(x, y, t)}{\partial x \partial y}\mathrm{d}y$$

$$\frac{\partial f(x+\mathrm{d}x, y+\mathrm{d}y, t)}{\partial y} = \frac{\partial f(x, y, t)}{\partial y} + \frac{\partial^2 f(x, y, t)}{\partial y \partial x}\mathrm{d}x + \frac{\partial^2 f(x, y, t)}{\partial y^2}\mathrm{d}y$$

$$\frac{\partial f(x+\mathrm{d}x, y+\mathrm{d}y, t)}{\partial t} = \frac{\partial f(x, y, t)}{\partial t} + \frac{\partial^2 f(x, y, t)}{\partial t \partial x}\mathrm{d}x + \frac{\partial^2 f(x, y, t)}{\partial t \partial y}\mathrm{d}y \tag{2-6}$$

$$u(x+\mathrm{d}x, y+\mathrm{d}y, t) = u(x, y, t) + u_x\mathrm{d}x + u_y\mathrm{d}y$$

$$v(x+\mathrm{d}x, y+\mathrm{d}y, t) = v(x, y, t) + v_x\mathrm{d}x + v_y\mathrm{d}y$$

将式 (2-6) 代入式 (2-5) 可得

$$(f_x u + f_y v + f_t) + (f_{xx} u + f_{yx} v + f_x u_x + f_y v_x + f_{tx})\mathrm{d}x$$
$$+ (f_{xy} u + f_{yy} v + f_x u_y + f_y v_y + f_{ty})\mathrm{d}y + (f_{xx} u_x + f_{yx} v_x)\mathrm{d}x^2 \tag{2-7}$$
$$+ (f_{xy} u_x + f_{xx} u_y + f_{yy} v_x + f_{xy} v_y)\mathrm{d}x\mathrm{d}y + (f_{xy} u_y + f_{yy} v_y)\mathrm{d}y^2 = 0$$

由梯度约束方程及微元 $\mathrm{d}x$、$\mathrm{d}y$ 的任意取值，要使式 (2-7) 成立，必须有如下 6 个方程成立

$$\begin{cases} f_x u + f_y v + f_t = 0 \\ f_{xx} u + f_{yx} v + f_x u_x + f_y v_x + f_{tx} = 0 \\ f_{xy} u + f_{yy} v + f_x u_y + f_y v_y + f_{ty} = 0 \\ f_{xx} u_x + f_{yx} v_x = 0 \\ f_{xy} u_x + f_{xx} u_y + f_{yy} v_x + f_{xy} v_y = 0 \\ f_{xy} u_y + f_{yy} v_y = 0 \end{cases} \tag{2-8}$$

上述 6 个方程并不独立，直接求解有困难，考虑到光流场本身在大多数区域是连续平滑的，因此可以假定 u_x、u_y、v_x、v_y 近似为零，则有

$$\begin{cases} f_x u + f_y v + f_t = 0 \\ f_{xx} u + f_{yx} v + f_{tx} = 0 \\ f_{xy} u + f_{yy} v + f_{ty} = 0 \end{cases} \tag{2-9}$$

式 (2-9) 中 3 个方程求解 2 个未知数，可利用最小二乘法进行求解。

高阶微分光流法的好处是只要二阶导数存在，就可以唯一地确定光流矢量，但其通常假设灰度图像中不存在一阶形变，类似于一阶微分光流法中的亮度恒常假设，二阶微分法假设图像的一阶导数不变，此假设可提高光流的估计精度，但二阶导数对于噪声更加敏感，因此在实际应用中使用较少。

2.2.3　局部恒常约束

该约束假设在一个小的空间邻域中具有相同的运动矢量，对该邻域中的运动像素点分别列写梯度约束方程并构成方程组，使用加权最小二乘法 (Weighted Least-Squares) 即可求解光流。在一个小的空间邻域 Ω 上，光流误差可定义为

$$\sum_{(x,y)\in\Omega} W^2(x)(f_x u + f_y v + f_t)^2 \tag{2-10}$$

其中，$W(x)$ 为窗口加权函数，对它的设定应遵循邻域的中心区域对约束产生的影响大于外围区域的规则。设 $U = (u,v)^{\mathrm{T}}$，$\nabla f(x) = (f_x, f_y)^{\mathrm{T}}$，对于 t 时刻邻域中的 n 个点，最小化式 (2-10) 的误差可得到

$$A^{\mathrm{T}} W^2 A U = A^{\mathrm{T}} W^2 b \tag{2-11}$$

其中

$$\begin{aligned} A &= [\nabla f(x_1), \nabla f(x_2), \cdots, \nabla f(x_n)]^{\mathrm{T}} \\ W &= \mathrm{diag}[W(x_1), W(x_2), \cdots, W(x_n)] \\ b &= -[f_t(x_1), f_t(x_2), \cdots, f_t(x_t)]^{\mathrm{T}} \end{aligned} \tag{2-12}$$

由式 (2-10)～式 (2-12) 得光流解为

$$U = [A^{\mathrm{T}} W^2 A]^{-1} A^{\mathrm{T}} W^2 b \tag{2-13}$$

其中

$$A^{\mathrm{T}} W^2 A = \begin{bmatrix} \sum W^2(x) I_x^2(x) & \sum W^2(x) f_x(x) f_y(x) \\ \sum W^2(x) f_y(x) f_x(x) & \sum W^2(x) f_y^2(x) \end{bmatrix} \tag{2-14}$$

光流估计值 U 的可靠性可由矩阵 $A^{\mathrm{T}} W^2 A$ 的特征值（λ_1 和 λ_2，$\lambda_1 \geqslant \lambda_2$）来估计，

而特征值又取决于图像空间梯度的大小。如果 $\lambda_2 = 0$，那么矩阵是奇异的，不能计算光流。如果 $\lambda_1 \geq \lambda_2 \geq \tau$（$\tau$ 是阈值），则可解出完整的速度 U。如果 $\lambda_1 \geq \tau$ 而 $\lambda_2 < \tau$，就不能得到 U 的完整信息，而只能得到光流法线分量。

局部恒常假设可以看作将某一中心点处小邻域中的像素点做线性组合从而得到一个特殊的局部不变量来求解光流，使用了邻域中多个点，因此利用多个光流基本方程可以在没有其他平滑项的基础上直接求解。如果将邻域中各点的光流基本方程利用各种鲁棒统计方法进行筛选组合，还可以得到各种局部鲁棒光流算法，这种扩展是值得关注的方向之一。

2.3　光流计算平滑项

光流平滑项的作用是克服孔径问题，将不适定问题转化为适定问题进行求解。本节介绍全局平滑约束与有向平滑约束等图像驱动光流平滑基本约束。

2.3.1　全局平滑约束

在光流求解过程中，假定图像序列中运动物体表面亮度在较短的时间采样间隔内不变，根据梯度约束方程，光流的误差可以表示为

$$e^2(x, y) = (f_x u + f_y v + f_t)^2 \tag{2-15}$$

由式(2-4)可以看到，仅由一个方程无法求解光流矢量中的 u 和 v 两个分量，要求解光流需附加其他约束条件，这就是光流估计中的"孔径问题"（Aperture Problem）。

为解决孔径问题，Horn 与 Schunck 提出物体的运动在整幅图像中应该是光滑变化的，因此可对式(2-4)加入式(2-16)所示的全局平滑项来约束速度场

$$s^2(x, y) = \iint [(u_x)^2 + (u_y)^2 + (v_x)^2 + (v_y)^2] \mathrm{d}x \mathrm{d}y \tag{2-16}$$

合并梯度约束方程与全局平滑约束项，可得

$$E = \iint [e^2(x, y) + \lambda s^2(x, y)] \mathrm{d}x \mathrm{d}y \tag{2-17}$$

令式(2-17)极小化，即可求得光流分量。式中，λ 是拉格朗日系数，用于调节数据项与全局平滑项之间的作用，如果图像质量较好，可以较精确地求得图像偏导数及图像时间导数，λ 可取较小的值。如果图像受噪声干扰，质量较差，则此时应更多地依赖全局平滑约束项，λ 取较大的值。式(2-17)的求解可以通过正则化的方法进行，利用变分极小化方法将式(2-17)转化为如下 Euler-Lagrange 方程

$$\begin{cases} \lambda \nabla^2 u = f_x^2 u + f_x f_y v + f_x f_t \\ \lambda \nabla^2 v = f_x f_y u + f_y^2 v + f_y f_t \end{cases} \tag{2-18}$$

用有限差分方法将每个方程中的拉普拉斯算子转换成局部邻域图像流矢量的加权和，并使用迭代方法求解这两个差分方程。

考虑离散的情况，在某一像素点 (i, j) 及其四邻域上，根据梯度约束方程，光流误差的离散量可表示为

$$e^2(i, j) = [f_x u(i, j) + f_y v(i, j) + f_t]^2 \tag{2-19}$$

光流的全局平滑量可由点 (i, j) 与其四邻域光流差分来计算

$$
\begin{aligned}
s^2(i, j) = \frac{1}{4}\{ & [u(i, j) - u(i-1, j)]^2 + [u(i+1, j) - u(i, j)]^2 \\
& + [u(i, j+1) - u(i, j)]^2 + [u(i, j) - u(i, j-1)]^2 \\
& + [v(i, j) - v(i-1, j)]^2 + [v(i+1, j) - v(i, j)]^2 \\
& + [v(i, j+1) - v(i, j)]^2 + [v(i, j) - v(i, j-1)]^2 \}
\end{aligned}
\tag{2-20}
$$

则函数 E 可表示为

$$E = \sum_i \sum_j [e^2(i, j) + \lambda s^2(i, j)] \tag{2-21}$$

求 E 对 u、v 的偏导数，有

$$
\begin{aligned}
\frac{\partial E}{\partial u} &= 2(f_x u + f_y v + f_t) f_x + 2\lambda(u - \overline{u}) \\
\frac{\partial E}{\partial v} &= 2(f_x u + f_y v + f_t) f_y + 2\lambda(v - \overline{v})
\end{aligned}
\tag{2-22}
$$

其中，$\overline{u}$ 和 $\overline{v}$ 分别是 u 和 v 在点 (i, j) 处的邻域平均值。为令 E 极小化，使式 (2-22) 为 0，可得

$$
\begin{aligned}
(f_x u + f_y v + f_t) f_x + \lambda(u - \overline{u}) = 0 \\
(f_x u + f_y v + f_t) f_y + \lambda(v - \overline{v}) = 0
\end{aligned}
\tag{2-23}
$$

从式 (2-23) 可以求出 u 和 v。在实际计算过程中，常用如下 Gauss-Seidel 迭代来求解 u 和 v

$$
\begin{aligned}
u^{n+1} &= \overline{u}^n - f_x \frac{f_x \overline{u}^n + f_y \overline{v}^n + f_t}{\lambda + f_x^2 + f_y^2} \\
v^{n+1} &= \overline{v}^n - f_y \frac{f_x \overline{u}^n + f_y \overline{v}^n + f_t}{\lambda + f_x^2 + f_y^2}
\end{aligned}
\tag{2-24}
$$

其中，n 是迭代次数，在没有任何先验条件的基础上，可以将初始速度取 0。当相邻两次迭代结果的值小于预定的某一阈值时，迭代过程终止。

Barron 等通过数值实验发现使用时空预平滑有助于削弱时间噪声和图像的量化

效应。他们在实现 Horn-Schunck 算法时使用了标准差为 1.5 像素/帧的时空高斯滤波器平滑图像序列，使用四点中心差分计算时空梯度，其系数模板为

$$\frac{1}{12}(-1 \quad 8 \quad 0 \quad -8 \quad 1) \tag{2-25}$$

Barron 等的实验表明，使用上述方法计算时空梯度并将 λ 取为 0.5，可提高光流场的估计精度。本书进行数值对比实验时，皆使用相邻时间间隔的两帧图像进行光流场计算，为简化求解，时间梯度使用两帧图像的直接差分计算。

2.3.2　有向平滑约束

　　Horn-Schunck 光流算法与 Lucas-Kanade 光流算法都属于一阶微分光流算法，Nagel 为解决全局平滑约束存在的问题提出了有向平滑约束，其使用二阶导数来估计光流。有向平滑约束与全局平滑约束的差别在于它并不强加在亮度梯度变化最剧烈的方向，这样有利于处理运动边缘位置的光流求解，该方法的误差测度函数为

$$E = \iint (f_x u + f_y v + f_t)^2 + \frac{\lambda^2}{\|\nabla f\|^2 + 2\delta}[(u_x f_y - u_y f_x)^2 \tag{2-26}$$
$$+ (v_x f_y - v_y f_x)^2 + \delta(u_x^2 + u_y^2 + v_x^2 + v_y^2)]\mathrm{d}x\mathrm{d}y$$

令式 (2-26) 极小化即可削弱垂直于梯度方向上的光流变化，Nagel 建议 $\delta = 1.0$，$\lambda = 0.5$。

　　采用类似于 Horn-Schunck 算法的推导方法，利用 Gauss-Seidel 迭代，式 (2-26) 的解可以表示为

$$u^{n+1} = \xi(u^n) - \frac{f_x[f_x \xi(u^n) + f_y \xi(v^n) + f_t]}{f_x^2 + f_y^2 + \lambda^2} \tag{2-27}$$
$$v^{n+1} = \xi(v^n) - \frac{f_y[f_x \xi(u^n) + f_y \xi(v^n) + f_t]}{f_x^2 + f_y^2 + \lambda^2}$$

其中，n 为迭代次数；$\xi(u^n)$ 和 $\xi(v^n)$ 由式 (2-28) 给出

$$\xi(u^n) = \overline{u}^n - 2f_x f_y u_{xy} - q^\mathrm{T}(\nabla u^n) \tag{2-28}$$
$$\xi(v^n) = \overline{u}^n - 2f_x f_y u_{xy} - q^\mathrm{T}(\nabla u^n)$$

其中

$$q = \frac{1}{f_x^2 + f_y^2 + 2\lambda} \nabla f^\mathrm{T} \left[\begin{pmatrix} f_{yy} & -f_{xy} \\ -f_{xy} & f_{xx} \end{pmatrix} + 2 \begin{pmatrix} f_{xx} & f_{xy} \\ f_{xy} & f_{yy} \end{pmatrix} W \right] \tag{2-29}$$

W 加权矩阵为

$$W = (f_x^2 + f_y^2 + 2\lambda)^{-1} \begin{bmatrix} f_y^2 + \delta & -f_x f_y \\ -f_x f_y & f_x^2 - \delta \end{bmatrix} \tag{2-30}$$

在经典光流计算中，Nagel 方法的图像时空导数也可先对图像序列进行标准差为 1.5 像素的高斯核时空预滤波，一阶速度导数用中心差分核(−0.5, 0, 0.5)计算，二阶导数通过层叠一阶导数计算。迭代的光流初始值可以设为 0。

2.4　光流计算误差分析

为了对求得的光流场数据进行评估，需要将计算得到的光流场数据与真实的光流场数据进行对比，然而，实际拍摄的真实图像序列往往无法获得其精确的光流场数据，为此，人们通过计算机图形学的方式生成了一系列合成图像序列，用于测试光流场算法，这些合成序列的精确的光流场数据是已知的。为测量计算得到的光流数据与真实光流数据之间的差异，可定义平均角误差、标准角偏差、端点误差等测量量，根据其值大小来判定计算所得光流场与真实光流场数据的接近程度。

真实光流场与估计的光流场可分别用符号 U^c 与 U^e 表示，其中 $U = (u, v)^{\mathrm{T}}$ 是光流矢量。偏离角误差反映了计算的光流值偏离真实光流值的程度，可作为评估标准，根据矢量内积公式，计算公式为

$$AE(i) = \arccos\left[\frac{u_i^c u_i^e + v_i^c v_i^e + k^2}{\sqrt{(u_i^c)^2 + (v_i^c)^2 + k^2}\sqrt{(u_i^e)^2 + (v_i^e)^2 + k^2}}\right] \tag{2-31}$$

式(2-31)是第 i 个像素位置的偏离角偏差，其中 k 为相隔的帧数。对于整个光流场，可定义平均角误差(Average Angle Error，AAE)，即被计算的光流场的光流矢量与标准光流场的相应光流矢量之间的偏离角误差的平均值。

$$AAE = \frac{1}{N}\sum_{i=1}^{N} AE(i) \tag{2-32}$$

其中，N 为光流场的像素数。AAE 是一种相对测量，可避免流速为 0 时除数为 0 的问题。针对大流速的误差惩罚要小于针对小流速的误差惩罚。

尽管 AAE 很流行，但它属于相对误差，在需要计算绝对误差时，使用端点误差(End Point Error, EPE)。

$$EPE = \frac{1}{N}\sum_{i=1}^{N}\sqrt{(u_i^e - u_i^c)^2 + (v_i^e - v_i^c)^2} \tag{2-33}$$

EPE 对于大多数运动可能更加适用，本书中两者皆采用。

另一个反映光流估计精度的量是光流标准角偏差，其定义为

$$SD = \sqrt{\frac{1}{N}\sum_{i=1}^{n}(AE(i) - AAE)^2} \tag{2-34}$$

平均角误差反映了计算得到的光流场的流矢量整体上偏离标准光流场的程度，而标准角偏差反映了光流角误差的波动情况。

除以上定义的误差指标，还有一种具有平均思想的点误差评估指标，即均方根误差（Root Mean Square Error，RMSE），定义为

$$RMSE = \sqrt{\frac{\sum_{i=1}^{N}(u_i^c - u_i^e)^2 + \sum_{i=1}^{N}(v_i^c - v_i^e)^2}{N}} \tag{2-35}$$

光流的 RMSE 用来衡量计算出的结果偏离标准流场的程度。

本 章 小 结

本章从光流求解的数据项与平滑项两个方面阐述了光流计算中常用的亮度恒常约束、高阶恒常约束、局部恒常约束等数据项约束，以及全局平滑约束和有向平滑约束等平滑项约束，并讨论了基于这些约束的 Horn-Schunck 方法、Lucas-Kanade 方法、Tretiak 高阶方法以及 Nagel 方法的基本原理，本章所介绍的内容是本书后续章节的理论基础。

第3章 彩色图像序列光流计算方法

3.1 引 言

传统的光流场估计基于图像的灰度信息，为解决孔径问题需要附加其他的约束条件才能求解。彩色图像是对灰度图像的扩展，其含有丰富的颜色信息，可为光流求解提供附加约束，从而解决孔径问题。颜色是个非常复杂的学科，涉及物理学、心理学、美学等领域。物体的颜色不仅取决于物体本身，还与光源、周围环境的颜色以及观察者的视觉系统有关系，为表示不同应用领域的颜色，人们定义了各种颜色模型，本章将介绍光流估计中常用的反射模型、颜色模型及它们在光流估计中的作用。

3.2 彩色图像序列光流计算基本原理

3.2.1 Lambertian 表面

Lambertian 表面是指在固定照明分布下在所有观察方向上观测都具有相同亮度的表面，Lambertian 表面不吸收任何入射光，结果导致其接收并反射所有入射光，因此每一个方向上都能看到相同强度的能量。

从表面向某一方向辐射的能量与表面从某一方向接收的能量的比值定义为双向反射分布函数（Bidirectional Reflectance Distribution Function，BRDF），Lambertian 表面的 BRDF 为常数

$$f(\theta_i,\phi_i,\theta_e,\phi_e)=\frac{1}{\pi} \tag{3-1}$$

其中，(θ_i,ϕ_i) 为极坐标系中相对于表面的光源照射方向；(θ_e,ϕ_e) 表示光从表面反射的方向。表面上某一处的反射强度可通过感觉亮度方程表示，其累加所有可能方向的 BRDF 效应

$$
\begin{aligned}
L &= \int_0^{2\pi}\int_0^{\pi/2} f(\theta_i,\phi_i,\theta_e,\phi_e)I(\theta_i,\phi_i)\sin\theta_i\cos\theta_i\mathrm{d}\theta_i\mathrm{d}\phi_i \\
&= \int_0^{2\pi}\int_0^{\pi/2}\frac{1}{\pi}I(\theta_i,\phi_i)\sin\theta_i\cos\theta_i\mathrm{d}\theta_i\mathrm{d}\phi_i \\
&= \frac{1}{\pi}I_0
\end{aligned} \tag{3-2}
$$

其中，I_0 是在某一表面片上的总入射光。

考虑 Lambertian 表面在远距离点光源照射条件下的情况，点光源照射可用如下公式描述

$$I(\theta_i, \phi_i) = I_0 \frac{\delta(\theta_i - \theta_s)\delta(\phi_i - \phi_s)}{\sin\theta_i} \tag{3-3}$$

其中，(θ_s, ϕ_s) 为表面法线方向。考虑反射模型并综合式(3-1)～式(3-3)，即可得到远距离点光源照射条件下的感觉亮度方程

$$
\begin{aligned}
L(\theta_e, \phi_e) &= \int_0^{2\pi} \int_0^{\pi/2} f(\theta_i, \phi_i, \theta_e, \phi_e) I(\theta_i, \phi_i) \sin\theta_i \cos\theta_i \mathrm{d}\theta_i \mathrm{d}\phi_i \\
&= \int_0^{\pi} \int_0^{\pi/2} \frac{1}{\pi} I_0 \frac{\delta(\theta_i - \theta_s)\delta(\phi_i - \phi_s)}{\sin\theta_i} \sin\theta_i \cos\theta_i \mathrm{d}\theta_i \mathrm{d}\phi_i \\
&= \frac{I_0}{\pi} \cos\theta_s
\end{aligned}
\tag{3-4}
$$

式(3-4)即 Lambertian 余弦定律，其表明由点光源照明的表面片的感觉亮度随着单元表面法线的入射角度变化而变化。

在光流求解的过程中，都假设运动物体表面是 Lambertian 表面，在下面关于色彩一致性假设的推导中，也使用此假设。

3.2.2　颜色模型

根据色度学理论，任何颜色都可以利用三基色按不同比例混合得到，称为三基色原理。现在大多数颜色模型都是面向硬件的，为在彩色显示器上显示彩色图像，定义了 RGB 颜色模型，R、G、B 即为三基色，如果每一颜色分量用 8 比特表示，则该 RGB 颜色模型约可表示 1600 万种颜色。在 RGB 颜色模型中，图像由 3 个分量组成，每一个图像分量都是其原色分量，将它们送入 RGB 彩色显示器，即可在显示器上混合生成一幅彩色图像。RGB 颜色模型定义于笛卡儿坐标系中，R、G、B 是彩色空间的 3 个坐标轴，每个坐标轴类似灰度图像可用 256 个灰度级量化，0 对应于黑色，255 对应于白色，这样可取得的颜色点均位于边长为 256 的颜色立方体中。

光的色度只取决于 R、G、B 之间的比例关系，在实际应用中，如果只对光的色度感兴趣，而不考虑光的亮度，可对 RGB 颜色模型进行规范化，其规范化公式为

$$
\left\{
\begin{aligned}
r &= \frac{R}{R + G + B} \\
g &= \frac{G}{R + G + B} \\
b &= \frac{B}{R + G + B}
\end{aligned}
\right.
\tag{3-5}
$$

RGB 颜色模型是应用于计算机的工业颜色模型，虽然它与人眼可以很强地感受到红、绿、蓝三原色的事实相符，但与人解释颜色的方式不同。当人观察一个彩色物体时，通常将其解释为色调、饱和度和亮度。色调是光的颜色，对于发光的物体，颜色由其辐射光的波长决定，对于不发光的物体，颜色由物体反射、透射及照明光源的属性共同决定。饱和度描述的是颜色被白光稀释的程度，其值大小与加入白光的比例有关。亮度即光的强度，光的能量越大，亮度越大。人的这种解释颜色的方式可用 HSV 颜色模型来表示。

HSV 颜色模型称为面向用户的主观颜色系统，H 表示色调(Hue)，S 表示饱和度(Saturation)，V 表示亮度(Value)。HSV 颜色模型可以很方便地由 RGB 颜色模型转换得到，其一种较为简单的转换方法如式(3-6)所示

$$V = \max(R,G,B)$$

$$S = \frac{\max(R,G,B) - \min(R,G,B)}{\max(R,G,B)} \tag{3-6}$$

$$H = \begin{cases} \dfrac{G-B}{\max(R,G,B) - \min(R,G,B)}, & R = \max(R,G,B) \\[3mm] 2 + \dfrac{B-R}{\max(R,G,B) - \min(R,G,B)}, & G = \max(R,G,B) \\[3mm] 4 + \dfrac{R-G}{\max(R,G,B) - \min(R,G,B)}, & B = \max(R,G,B) \end{cases}$$

有了颜色模型，利用模型中的多个颜色通道即可得到一个线性的光流方程组，其可有效地克服光流求解的病态问题。与灰度图像光流求解的亮度恒常假设类似，彩色图像光流求解主要基于灰度一致性和色彩一致性两种假设。

3.2.3　灰度一致性约束

彩色图像的 R、G、B 三个颜色分量在图像处理中可看成三幅独立的灰度图像，它们在图像处理中具有相同的地位和作用。灰度一致性方法假设物体在运动时灰度不变，可由 RGB 颜色模型中 R、G、B 三个颜色通道分别得到光流梯度约束方程，即有

$$\begin{cases} \dfrac{\partial R}{\partial x}u + \dfrac{\partial R}{\partial y}v + \dfrac{\partial R}{\partial t} = 0 \\[3mm] \dfrac{\partial G}{\partial x}u + \dfrac{\partial G}{\partial y}v + \dfrac{\partial G}{\partial t} = 0 \\[3mm] \dfrac{\partial B}{\partial x}u + \dfrac{\partial B}{\partial y}v + \dfrac{\partial B}{\partial t} = 0 \end{cases} \tag{3-7}$$

其中，以三个方程解两个未知数，可使用伪逆，令

$$A = \begin{bmatrix} R_x & R_y \\ G_x & G_y \\ B_x & B_y \end{bmatrix}, \quad b = \begin{bmatrix} -R_t \\ -G_t \\ -B_t \end{bmatrix}, \quad U = \begin{bmatrix} u \\ v \end{bmatrix} \tag{3-8}$$

则可得到

$$(A^{\mathrm{T}}A)U = A^{\mathrm{T}}b \tag{3-9}$$

式(3-9)的解为

$$U = (A^{\mathrm{T}}A)^{-1}A^{\mathrm{T}}b \tag{3-10}$$

利用式(3-10)计算光流场，当图像中颜色梯度相同时，方程组各等式线性相关，无法求得唯一解。当图像中所含噪声相对于颜色梯度较大时，所得解不可靠。除利用三个颜色通道外，也可从 R、G、B 中任选两个颜色通道建立方程组，利用消去法求得唯一解。

3.2.4　色彩一致性约束

以色列学者 Golland 阐述了色彩一致性假设的基本原理。从物体光照模型角度可有

$$\begin{cases} R = \int_{\Omega}^{\Lambda} I(\lambda)D_R(\lambda)\mathrm{d}\lambda \\ G = \int_{\Omega}^{\Lambda} I(\lambda)D_G(\lambda)\mathrm{d}\lambda \\ B = \int_{\Omega}^{\Lambda} I(\lambda)D_B(\lambda)\mathrm{d}\lambda \end{cases} \tag{3-11}$$

其中，$\overset{\Lambda}{I}(\lambda)$ 为反射光能量分布；$D_i(\lambda)$ 为光传感器灵敏度函数，$i \in \{R,G,B\}$。积分范围为可见光波长范围，为 400～700nm。如物体表面为 Lambertian 反射面，照射在物体表面的入射光能量分布为 $I(\lambda,r)$，r 点处的入射光波长为 λ，则物体表面反射的光能分布 $\overset{\Lambda}{I}(\lambda,r)$ 遵循如下式

$$\overset{\Lambda}{I}(\lambda,r) = R(\lambda,\varphi,\theta,\gamma)I(\lambda,r) \tag{3-12}$$

其中，$R(\lambda,\varphi,\theta,\gamma)$ 为表面反射系数，φ、θ、γ 分别表示入射角、观察角和相位角。表面反射系数 $R(\lambda,\varphi,\theta,\gamma)$ 可进一步分解为频谱分量 $\rho(\lambda,r)$ 与几何分量 $c(\varphi,\theta,\gamma,r)$，则式(3-12)可表示为

$$\hat{I}(\lambda,r) = \rho(\lambda,r)c(\varphi,\theta,\gamma,r)I(\lambda,r) \tag{3-13}$$

代入式(3-11)可得

$$\begin{cases} R = \int_\Omega \rho(\lambda,r)c(\varphi,\theta,\gamma,r)I(\lambda,r)D_R(\lambda)\mathrm{d}\lambda \\ G = \int_\Omega \rho(\lambda,r)c(\varphi,\theta,\gamma,r)I(\lambda,r)D_G(\lambda)\mathrm{d}\lambda \\ B = \int_\Omega \rho(\lambda,r)c(\varphi,\theta,\gamma,r)I(\lambda,r)D_B(\lambda)\mathrm{d}\lambda \end{cases} \tag{3-14}$$

其中，$c(\varphi,\theta,\gamma,r)$ 反映物体表面几何反射特性，与入射光波长 λ 无关，故可移至积分号外，有

$$\begin{cases} R = c(\varphi,\theta,\gamma,r)\int_\Omega \rho(\lambda,r)I(\lambda,r)D_R(\lambda)\mathrm{d}\lambda \\ G = c(\varphi,\theta,\gamma,r)\int_\Omega \rho(\lambda,r)I(\lambda,r)D_G(\lambda)\mathrm{d}\lambda \\ B = c(\varphi,\theta,\gamma,r)\int_\Omega \rho(\lambda,r)I(\lambda,r)D_B(\lambda)\mathrm{d}\lambda \end{cases} \tag{3-15}$$

其中，$\rho(\lambda,r)$ 表示物体的颜色属性；$D_R(\lambda)$、$D_G(\lambda)$、$D_B(\lambda)$ 为光传感器灵敏度，它们在物体运动过程中保持不变，入射光能量分布 $I(\lambda,r)$ 变化较为缓慢，短时区域内也可认为其基本保持不变，故可定义一个色彩不变量 C_i，其公式表示为

$$C_i = \int_\Omega \rho(\lambda,r)I(\lambda,r)D_i(\lambda)\mathrm{d}\lambda, \quad i \in \{R,G,B\} \tag{3-16}$$

故只要根据 C_i 列写色彩恒常等式即可求解光流。C_i 值无法从 R、G、B 值中直接得到，但式(3-15)中 R、G、B 的几何分量相等，故可利用任意 R、G、B 的比值来求得相应 C_i 的比值，其也为不变量。规范化 RGB 颜色模型和 HSV 颜色模型便是这样的例子。

由规范化 RGB 颜色模型和 HSV 颜色模型均可列写 C_i 定义的色彩恒常等式

$$\begin{cases} \dfrac{\partial F_1}{\partial x}u + \dfrac{\partial F_1}{\partial y}v + \dfrac{\partial F_1}{\partial t} = 0 \\ \dfrac{\partial F_2}{\partial x}u + \dfrac{\partial F_2}{\partial y}v + \dfrac{\partial F_2}{\partial t} = 0 \end{cases} \tag{3-17}$$

其中，F_1、F_2 可任取 RGB 颜色模型的两个通道或利用三个通道构成超定方程组，利用最小二乘法求解，也可以取 HSV 颜色模型中的 H 通道和 V 通道，即可得光流分量。只使用色度信息可避免求解光流时因光照强度改变造成的影响，但前提是运动物体表面满足 Lambertian 反射条件，否则，将造成光流求解误差。

3.3 基于色彩梯度恒常的光流计算方法

在彩色图像序列变分光流算法中，通常假设色彩具有恒常性，即定义彩色不变量进行光流求解，在此基础上可进一步假设色彩的梯度具有恒常性，也为不变量，由其构建基于彩色信息的梯度约束方程，施加平滑约束条件或与一阶梯度约束方程构成方程组，即可求解光流。此方法从另一个角度看也是一种二阶变分偏微分方法，只不过这里使用色彩矢量梯度扩展了灰度梯度，彩色信息可为光流求解提供更加准确的约束信息，因此有利于提高光流计算精度，抑制噪声造成的影响。

3.3.1 色彩梯度

彩色图像具有 R、G、B 三个颜色通道，相对于灰度图像可提供更丰富的信息，利用彩色图像进行梯度估计也可得到比灰度图像更精确的结果。传统的灰度图像梯度估计算法可应用于二维空间，但不能扩展到高维空间，将其运用到 RGB 彩色图像的一种方法是分别计算每个彩色分量图像的梯度，然后合并结果，这种方法计算得到的梯度与实际情况并不完全一致，在某些简单的情况下，可用某一通道的颜色分量作为灰度图像进行梯度计算，但所得结果并不准确，对于光流计算这种要求估计精度的场合，则需要使用更为精确的矢量方法。

Zenzo 提出了一种将梯度概念扩展到矢量函数的方法。令 r、g 和 b 是 RGB 彩色空间沿 R、G 和 B 轴的单位向量，并定义矢量

$$U = \frac{\partial R}{\partial x} r + \frac{\partial G}{\partial x} g + \frac{\partial B}{\partial x} b$$
$$V = \frac{\partial R}{\partial y} r + \frac{\partial G}{\partial y} g + \frac{\partial B}{\partial y} b \tag{3-18}$$

令 g_{xx}、g_{yy} 和 g_{xy} 是这些矢量的点积，如下所示

$$g_{xx} = U \cdot U = U^{\mathrm{T}} U = \left| \frac{\partial R}{\partial x} \right|^2 + \left| \frac{\partial G}{\partial x} \right|^2 + \left| \frac{\partial B}{\partial x} \right|^2$$

$$g_{yy} = V \cdot V = V^{\mathrm{T}} V = \left| \frac{\partial R}{\partial y} \right|^2 + \left| \frac{\partial G}{\partial y} \right|^2 + \left| \frac{\partial B}{\partial y} \right|^2 \tag{3-19}$$

$$g_{xy} = U \cdot V = U^{\mathrm{T}} V = \frac{\partial R}{\partial x} \frac{\partial R}{\partial y} + \frac{\partial G}{\partial x} \frac{\partial G}{\partial y} + \frac{\partial B}{\partial x} \frac{\partial B}{\partial y}$$

则可定义在计算梯度后图像中每点的角度 $\theta(x, y)$ 及梯度值 $F_\theta(x, y)$ 为

$$\theta(x, y) = \frac{1}{2} \arctan \left[\frac{2 g_{xy}}{g_{xx} - g_{yy}} \right] \tag{3-20}$$

$$F_\theta(x,y) = \left\{ \frac{1}{2} \left[(g_{xx} + g_{yy}) + (g_{xx} - g_{yy})\cos 2\theta + 2g_{xy}\sin 2\theta \right] \right\}^{1/2} \tag{3-21}$$

$\theta(x,y)$ 及 $F_\theta(x,y)$ 具有与输入图像相同大小的维数，图像偏导数可用 Sobel 算子来计算。

梯度计算对噪声较为敏感，因此某些梯度值可能是由噪声引起的，为避免这种影响，可将计算得到的梯度值进行归一化，并进行阈值化处理。

在光流场求解过程中，不变量的确定至关重要，传统基于灰度图像计算的方法假定物体的亮度在运动过程中保持不变，基于彩色图像计算的方法假定物体的色彩在运动中保持不变，从而构成光流基本方程，而色彩梯度相较于色彩对外界条件干扰更加不敏感，因此具有更好的鲁棒性，假设其在物体运动中保持不变并构建光流基本方程可取得更好的计算效果。

3.3.2　算法实现

假定色彩梯度值 $F_\theta(x,y)$ 为不变量，利用色彩矢量梯度定义，可得到新的光流基本方程

$$\frac{\partial F_\theta}{\partial x} \cdot u + \frac{\partial F_\theta}{\partial y} \cdot v + \frac{\partial F_\theta}{\partial t} = 0 \tag{3-22}$$

式 (3-22) 中的偏导数可采用与灰度图像相同的方式进行估计，对其施加全局平滑约束，利用变分法得到新的欧拉方程

$$\begin{cases} \lambda \nabla^2 u = \left(\dfrac{\partial F_\theta}{\partial x}\right)^2 u + \dfrac{\partial F_\theta}{\partial x}\dfrac{\partial F_\theta}{\partial y} v + \dfrac{\partial F_\theta}{\partial x}\dfrac{\partial F_\theta}{\partial t} \\[3mm] \lambda \nabla^2 v = \dfrac{\partial F_\theta}{\partial x}\dfrac{\partial F_\theta}{\partial y} u + \left(\dfrac{\partial F_\theta}{\partial y}\right)^2 v + \dfrac{\partial F_\theta}{\partial y}\dfrac{\partial F_\theta}{\partial t} \end{cases} \tag{3-23}$$

利用 Gauss-Seidel 迭代法求解可得基于色彩梯度恒常性的光流分量的迭代公式如式 (3-24) 所示，它具有与传统的基于亮度恒常假设及全局平滑约束的光流解相似的形式

$$u^{k+1} = \bar{u}^k - \frac{\dfrac{\partial F_\theta}{\partial x}\bar{u}_k + \dfrac{\partial F_\theta}{\partial y}\bar{v}_k + \dfrac{\partial F_\theta}{\partial t}}{\lambda + \left(\dfrac{\partial F_\theta}{\partial x}\right)^2 + \left(\dfrac{\partial F_\theta}{\partial y}\right)^2} \cdot \frac{\partial F_\theta}{\partial x}$$

$$v^{k+1} = \bar{v}^k - \frac{\dfrac{\partial F_\theta}{\partial x}\bar{u}_k + \dfrac{\partial F_\theta}{\partial y}\bar{v}_k + \dfrac{\partial F_\theta}{\partial t}}{\lambda + \left(\dfrac{\partial F_\theta}{\partial x}\right)^2 + \left(\dfrac{\partial F_\theta}{\partial y}\right)^2} \cdot \frac{\partial F_\theta}{\partial y} \tag{3-24}$$

色彩梯度作为不变量可有效克服光照变化对光流计算造成的影响，对基于色彩

梯度的光流基本方程施加全局平滑约束可有效地传播速度场，避免在图像纹理较少和色彩梯度较小的区域无解或得到不可靠解，从而获得致密的光流场。

3.3.3 实验与误差分析

为检验色彩梯度不变量的有效性，本节设计了基于合成图像序列和真实图像序列的数值实验，并与规范化 RGB 方法、HSV 方法以及 Horn-Schunck 方法进行了对比。本节的目的为测试色彩梯度不变量的有效性，因此仅对该不变量施加全局平滑约束。

参数设置方面，采用全局平滑约束的 Horn-Schunck 方法及基于色彩梯度恒常性的光流方法，设置平衡因子 $\lambda = 0.5$，迭代次数设为 100。同时将彩色矢量梯度的噪声阈值设为 0.1，彩色分量梯度使用 Sobel 算子计算，二阶导数使用 4 点中心差分算子计算。基于 HSV 颜色模型的彩色光流方法选取了 HSV 颜色模型中的 H 通道和 S 通道，基于规范化 RGB 的方法选用了 R、G、B 三个颜色通道。

1. street 合成图像序列实验

实验所采用的 street 彩色图像序列由新西兰奥塔哥大学发布，实验中选取图像序列的第 18 帧与第 19 帧，如图 3.1(a)、图 3.1(b) 所示。图 3.1 所示的图像序列中汽车由左至右缓慢运动，同时摄像机也由左至右缓慢扫视，属于目标与摄像机均移动的情况。图像分辨率为 200×200 像素，帧间最大位移为 5.33 像素。

(a) 第 18 帧　　　　　　　　　　　(b) 第 19 帧

图 3.1　street 彩色图像序列

为便于查看，将计算得到的光流场数据转换为灰度图像进行显示，灰度值越大的点其运动速度越大，转换公式为

$$nu(x, y) = 255 \cdot \frac{u(x, y) - u_{\min}}{u_{\max} - u_{\min}}$$

$$nv(x, y) = 255 \cdot \frac{v(x, y) - v_{\min}}{v_{\max} - v_{\min}} \tag{3-25}$$

$$uv(x, y) = \sqrt{nu^2(x, y) + nv^2(x, y)}$$

其中，$\mathrm{nu}(x, y)$ 表示水平运动；$\mathrm{nv}(x, y)$ 表示垂直运动；$\mathrm{uv}(x, y)$ 表示合成运动。

在参与对比的方法中，规范化 RGB 方法和 HSV 方法均为单像素点运算，缺乏局部或全局约束，因此在某些图像颜色梯度较小的区域处无解或因噪声干扰而产生不可靠结果，而采用了全局平滑约束的方法则在光流致密性方面表现较好。算法计算得到的光流值与真实光流值误差数据如表 3.1 所示。

表 3.1　street 序列实验算法误差表

算法	AAE/(°)	SD/(°)	光流密度/%
规范化 RGB	9.92	23.78	72
HSV	7.27	19.46	60
Horn-Schunck	13.88	30.34	100
色彩梯度恒常方法	9.27	25.02	100

HSV 方法、Horn-Schunck 方法及色彩梯度恒常方法计算的光流场分别如图 3.2、图 3.3、图 3.4 所示，色彩梯度恒常方法的光流场水平分量图像如图 3.5 所示。

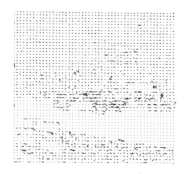

图 3.2　street 序列 HSV 方法光流场结果　　　图 3.3　street 序列 Horn-Schunck 光流场结果

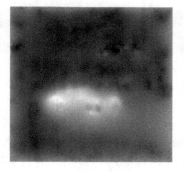

图 3.4　street 序列色彩梯度恒常　　　　图 3.5　street 序列色彩梯度恒常
方法光流场结果　　　　　　　　方法光流场水平分量图像

由表 3.1、图 3.2、图 3.3 及图 3.4 可见，HSV 方法在色彩较均匀的路面区域及座椅区域由于方程组线性相关而无法求得速度分量，同时由于梯度求解不准确还会产生不可靠点。规范化 RGB 方法也存在类似的问题，其得到的光流场密度为 72%，而 HSV 方法得到的光流场密度只有 60%，同时由于是单点计算，所得到的光流场在很多点处存在运动方向计算错误，估计得到的运动一致性较差。Horn-Schunck 方法采用全局平滑约束，故可得到致密且一致性较好的光流场，但在运动不连续处误差较大。图 3.5 所示为基于色彩梯度恒常方法求得的光流场，它较好地表现了背景运动与前景运动，同时得到的光流场密度为 100%，从表 3.1 中也可看到其综合性能相对于三种传统光流计算方法是最优的，证明了色彩梯度恒常假设的有效性。

实验图像序列中主要包含水平运动，因此规范化光流场后所得到的水平分量图像可较明显地看出目标的运动，按照式(3-25)进行光流场规范化，并将其转换为灰度图像形式，如图 3.5 所示。场景中汽车与背景的运动速度不同，且汽车运动速度较高，故图 3.5 中可分辨出汽车轮廓，汽车部分相应像素灰度值也较高，背景存在整体运动，故为灰色。

2. vipmen 真实图像序列实验

真实场景彩色图像序列 vipmen 为 MATLAB 自带的测试序列。实验取图像序列的第 30 帧与第 31 帧，如图 3.6 所示。

　　　(a) vipmen 序列的第 30 帧　　　　　　　　　　　(b) vipmen 序列的第 31 帧

图 3.6　vipmen 彩色图像序列

图 3.6 所示的彩色图像序列为静止背景下由右向左移动的男子。实验采用 Horn-Schunck 方法、HSV 方法及色彩梯度恒常方法进行对比，由于真实图像序列无标准光流场数据进行参照，故只利用计算所得光流场图像进行直观比较。

由图 3.7 可见，Horn-Schunck 方法计算得到的光流场可大致显示出运动区域，但在运动边界处较模糊。图 3.8 所示的基于 HSV 方法的光流场显示出了运动区域较清晰的边界，但在色彩梯度较小处产生了相关点，且部分位置光流计算误差较大。

图 3.9 为色彩梯度恒常方法得到的光流场，运动区域及运动边界均清晰可辨，且对噪声的抵抗能力较好，由噪声及环境光照变化引起的错误速度分量较少，正确地反映了人体各部分的运动。

光流场水平分量反映了场景中主要的人体运动，其转换为灰度图像如图 3.10 所示。图中较清晰地显示了运动人体的轮廓，灰度较大的像素点处运动速度较大，背景无运动，故为黑色，验证了色彩梯度恒常方法的有效性。

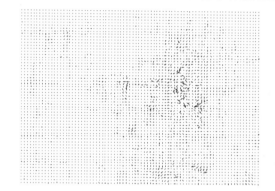

图 3.7　vipmen 序列 Horn-Schunck 光流场结果

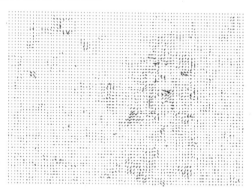

图 3.8　vipmen 序列 HSV 光流场结果

图 3.9　vipmen 序列色彩梯度恒常光流场结果

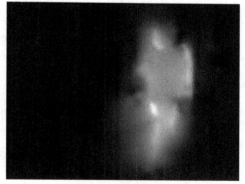

图 3.10　vipmen 序列色彩梯度恒常方法
光流场水平分量灰度图

3.4　基于可靠性判定的彩色图像序列光流计算方法

基于彩色图像序列进行光流场求解通常使用 RGB、规范化 RGB 及 HSV 等颜色模型。然而在图像中较为平坦的区域，梯度值通常较小，此时利用以上三种颜色模型得到的光流解不可靠，或梯度约束方程组中各方程之间线性相关，此时无法求得光流解，这样就造成此类彩色图像序列光流估计方法无法得到稠密光流场，而高精度的稠密光流场对于实际应用是十分重要的，因此，如何在提高光流估计精度的同时得到致密流场就成为一个具有重要研究价值的问题。

为解决上述问题，本节提出一种基于可靠性判定的彩色图像序列光流计算方法，该方法首先利用前面介绍的基于颜色模型的单点光流计算方法求解光流场，并对每一像素位置的流矢量进行可靠性判断，对于可靠解予以保留，对于不可靠解利用全局平滑约束解进行替代，从而达到综合彩色光流计算与全局平滑约束各自优势的目的。

3.4.1　彩色光流估计可靠性判定

在利用彩色多通道建立方程组求解光流的过程中，对光流解的可靠性进行判定是一个值得注意的问题。方程组中系数矩阵的条件数表示了矩阵的稳定性。

设 $B \in R^{n \times n}$ 可逆，对于 B 的任意一种算子范数 $\| B \|$，定义

$$\text{cond}(B) = \| B \| \cdot \| B^{-1} \| \tag{3-26}$$

为矩阵 B 的条件数。对于 $\| B \|_2$、$\| B \|_1$、$\| B \|_\infty$，相应地有 $\text{cond}_2(B)$、$\text{cond}_1(B)$、$\text{cond}_\infty(B)$。条件数有如下性质：

(1) $\text{cond}(B) \geqslant 1$；

(2) 对于 $\alpha(\neq 0) \in R, \text{cond}(\alpha A) = \text{cond}(A)$；

(3) 对于正交矩阵 $Q \in R, \text{cond}(QB) = \text{cond}(BQ) = \text{cond}(B)$。

对于方程组 $Bx = b$，当 b 有误差 δb（B 不变）或 B 有误差 δB（b 不变）时，解 x 相应有误差 δx，其大小可由式（3-27）估计

$$\frac{\| \delta x \|}{\| x \|} \leqslant \text{cond}(B) \frac{\| \delta b \|}{\| b \|}$$

$$\frac{\| \delta x \|}{\| x + \delta x \|} \leqslant \text{cond}(B) \frac{\| \delta B \|}{\| B \|} \tag{3-27}$$

所以矩阵的条件数可视为矩阵病态程度的一种度量，条件数越大，病态越严重，引起方程组解的误差可能越大。

在最小二乘解析解表达式中，矩阵 $A^T A$ 的稳定性直接影响光流的计算精度，故可用某一点处矩阵 $A^T A$ 的条件数度量该点光流解的可靠性。矩阵 $A^T A$ 的条件数如式（3-28）所示

$$k(A^T A) = \begin{cases} \| A^T A \| \cdot \| (A^T A)^{-1} \|, & A^T A \text{非奇异} \\ +\infty, & A^T A \text{奇异} \end{cases} \tag{3-28}$$

由式（3-28）可见，当矩阵 $A^T A$ 为奇异阵时，其条件数趋于无穷大。矩阵的条件数越

大,则矩阵的稳定性越差,由 $A^{\mathrm{T}}A$ 计算出的光流的准确性也就越低,故可用矩阵 $A^{\mathrm{T}}A$ 的条件数作为衡量解的可靠性的标准。

3.4.2　算法实现

当以某一颜色模型计算光流时,如某一点处矩阵 $A^{\mathrm{T}}A$ 的条件数大于预先设定的阈值 T ,则使用基于全局平滑约束的光流估计方法来计算该点处的光流。该方法具有如下优点。

(1)基于彩色信息进行光流计算可提高纹理丰富区域的光流精度,尤其是运动边缘处的光流计算结果优于使用平滑约束的方法。

(2)基于彩色信息的光流计算方法在图像颜色梯度较小的区域难以得到可靠解,而平滑约束却可对此类区域进行有效填充,从而得到密度为 100% 的稠密光流。

在算法的实现过程中,彩色图像序列光流估计可基于 RGB、规范化 RGB 及 HSV 颜色模型实现,这些方法基于图像序列的单点彩色信息进行,不受平滑约束及局部一致性约束的影响,因此算法适应性较高,适合一些具有复杂运动的非刚体光流计算。对于图像中的平坦区域,梯度求解过程中会产生为零或近似为零的梯度值,此时所列写的光流梯度约束方程组无法求解或所得解误差较大。同时若彩色图像中各颜色通道分量值较为接近,则上述彩色方法可能由于方程组线性相关而无法求解,此时使用平滑约束方法即可将其他位置光流解向这一区域传播,令这一区域得到平滑一致解。计算流程如图 3.11 所示。

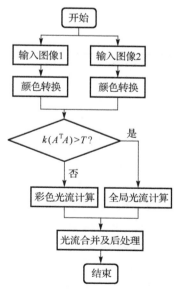

图 3.11　基于可靠性判定的彩色图像序列光流计算方法流程图

由图 3.11 所示的流程图，首先对读入的彩色图像序列进行颜色空间转换，依据选择算法的不同，颜色空间可选用 RGB、规范化 RGB、HSV 等。在选定的颜色空间中基于各颜色通道列写光流方程组并求解，当方程组系数矩阵 $A^{\mathrm{T}}A$ 的条件数小于设定阈值时，光流解稳定，当条件数大于设定阈值时，光流解不可靠，使用全局平滑约束传播邻域可靠解来填充当前位置。在光流的后处理阶段，为滤除噪声，进一步提高光流解的精度，可利用中值滤波对得到的光流数据进行后处理，以得到具有一致性的光流场。

3.4.3　实验与误差分析

1. street 合成图像序列实验

实验对比了 Horn-Schunck 方法、Lucas-Kanade 方法、规范化 RGB 方法、HSV 方法及规范化 RGB、HSV 方法与全局平滑约束的混合光流方法。在进行光流求解前对图像序列进行了标准差为 1.5 像素的高斯预平滑，采用 4 点中心差分计算图像偏导数。彩色图像序列光流计算选取了 HSV 颜色模型中的 H 通道和 S 通道，规范化 RGB 颜色模型选取了 3 个通道。矩阵 $A^{\mathrm{T}}A$ 的条件数阈值设为 20，用于测试的算法的光流场均进行 10 次中值滤波后处理，算法计算得到的光流与真实光流误差数据如表 3.2 所示。

表 3.2　street 序列实验算法误差表

算法	AAE/(°)	SD/(°)	光流密度/%
规范化 RGB	9.92	23.78	72
HSV	7.27	19.46	60
Horn-Schunck	13.88	30.34	100
Lucas-Kanade	8.81	22.54	91
规范化 RGB 可靠性判断方法 （与全局平滑约束混合）	9.71	22.43	100
HSV 可靠性判断方法 （与全局平滑约束混合）	9.58	22.49	100

HSV 方法、Horn-Schunck 方法及 HSV 可靠性判断方法得到的光流场计算结果如图 3.12 所示，为方便查看，对光流场图像进行了缩放。

由表 3.2 可见，彩色图像序列光流场算法区域平坦或等式间线性相关等，导致在某些像素点处无解，基于规范化 RGB 颜色模型得到的光流密度及基于 HSV 的光流密度都没有达到 100%，虽然精度相对较高，但丢失了部分平坦区域的运动信息。HSV 彩色图像序列光流场，其精度较致密的全局平滑约束 Horn-Schunck 方法高，但在平坦区域无法求得速度分量，将两种方法融合，根据矩阵条件数选择光流分量，避免了平坦区域及相关点造成的影响，同时提高了光流估计精度。从图 3.12 可见，HSV 可靠性判断方法所得到的光流场继承了传统彩色光流法计算精度高的优点，汽车运动边缘较为清晰，避免了全局平滑造成的边界模糊。同时，可靠性判断方法也得到了较为一致的背景运动，基于 HSV 的方法估计一致的背景运动会产生不可靠的光流解，这些解对应于较大的条件数，可靠性判断方法很好地消除了这些不可靠点的影响。

(a) HSV 光流场结果　　　　(b) Horn-Schunck 光流场结果　　　　(c) HSV 可靠性判断光流场结果

图 3.12　street 序列 HSV 可靠性判断与全局平滑约束混合方法光流场结果

在传统的灰度光流场计算方法中，Lucas-Kanade 方法有着较好的效果，这得益于该方法所采用的局部一致性约束，但局部一致性约束是在邻域内利用加权最小二乘法进行光流计算，因此在图像的平滑区域内得不到光流解或得到的解不可靠，与基于颜色模型的方法存在相同的问题，将其与全局平滑约束相结合有望在保持光流计算精度的同时提高光流密度。后续内容将介绍把 Lucas-Kanade 方法扩展至彩色域并与全局平滑约束相结合的局部与全局融合光流计算方法。

2. vipmen 真实图像序列实验

真实图像序列实验采用 vipmen 彩色图像序列的第 30 帧与第 31 帧，如图 3.6 所示。HSV 方法、Horn-Schunck 方法及 HSV 可靠性判断方法得到的光流场计算结果如图 3.13 所示，为方便查看，对光流场图像进行了缩放。由于真实图像序列无标准光流场数据进行参照，故只利用计算所得光流场图像进行直观分析。实验中 HSV 可靠性判断方法的矩阵条件数阈值设为 20。

(a) HSV 方法光流场结果　　　　(b) Horn-Schunck 方法光流场结果　　　　(c) HSV 可靠性判断方法光流场结果

图 3.13　vipmen 序列混合模型方法彩色光流场

图 3.13(a) 所示的 HSV 方法所得的光流场在人体运动部分可得到运动细节，但同时仍存在部分由噪声引起的错误运动分量。Horn-Schunck 光流结果具有较好的运动一致性，但也模糊了人体运动细节，HSV 可靠性判断方法融合了两种方法的优势，在保留运动细节的同时得到了一致性较好的致密光流场。

通过以上合成与真实彩色图像序列实验证明了所提出方法的有效性，同时说明了彩色信息在光流计算中具有重要的提升作用。

3.5　局部与全局相结合的彩色图像序列光流计算方法

3.3 节与 3.4 节提到的彩色光流计算方法只考虑了单个像素点处的彩色信息，未考虑邻域信息的影响，常因各彩色分量线性相关而无法求解，引入邻域优化的思想构建局部与全局相结合的彩色图像序列光流计算方法可缓解该问题造成的影响。Barron 将基于全局平滑约束的 Horn-Schunck 方法与基于局部约束的 Lucas-Kanade 方法引入彩色图像序列光流场求解中，并通过实验证明了利用彩色信息的光流估计方法相对于灰度方法可提高估计精度，但未考虑综合利用全局模型与局部模型的优势。Andrew 提出了一种新的彩色图像序列光流场计算方法，利用灰度光流计算方法对每一色彩通道进行光流求解，并利用误差函数选择各色彩通道中估计最准确的结果作为该点光流矢量，从而达到融合各色彩通道光流结果的目的。Bruhn 与 Bauer 等相继提出了针对灰度图像序列的局部与全局优化相结合的鲁棒光流求解方法。本节在此基础上给出三种针对彩色图像序列光流场求解的局部与全局优化相结合的约束模型，并给出数值实验结果。

3.5.1　彩色 Lucas-Kanade 光流算法

假设在图像中的一个 $(2n+1) \times (2n+1)$ 邻域中有一致的光流矢量，那么在每一点处都可以列写光流梯度约束方程，从而构成一个由 $(2n+1) \times (2n+1)$ 个方程组成的方程组，利用最小二乘法求解即可得到光流矢量，如在邻域中施以适当的权重，令距离邻域中心像素较近的点具有较大的权重，即可突出其对中心像素的影响。针对彩色图像序列的情况，如 RGB 颜色模型，对每一颜色通道均赋予相同的权重并合并方程组，即得到扩展至彩色域的 Lucas-Kanade 光流方法。如 $n=0$，就得到 Golland 的彩色光流求解方法。在 HSV 等颜色模型中，令色度通道权重为 0，只保留亮度通道，则该方法转化为灰度图像序列 Lucas-Kanade 方法。

3.5.2　彩色 Horn-Schunck 光流算法

Horn-Schunck 光流算法是基于全局平滑约束的典型算法，将其扩展至彩色域可通过最小化式 (3-29) 来实现

$$\sum_{i}^{n} \omega_i (f_{xi}u + f_{yi}v + f_{ti})^2 + \lambda^2 (u_x^2 + u_y^2 + v_x^2 + v_y^2) \tag{3-29}$$

其中，ω_i 代表第 i 个色彩通道的权重，如 $\omega_i = 0$，则第 i 个色彩通道不参与计算。由式 (3-29) 可以看出，对 Horn-Schunck 算法的彩色扩展即对各彩色通道的加权和施加全局平滑约束，这样既利用彩色信息提高了估计精度，又保证了光流场的平滑性，得到了致密光流场，但同时应注意到，由于采用全局平滑约束，运动边缘处的模糊仍然存在。

除上述两种扩展方法外，Andrew 提出了另外一种基于灰度光流算法计算彩色图像序列光流的方法。这种方法寻求一种误差函数，在各颜色通道中分别利用经典灰度方法计算光流并计算该误差函数值，从各颜色通道中选择误差函数值最小的光流解作为求解中某一像素位置处的最终结果。这相当于一种融合算法，融合依据是误差函数值。误差函数在不同的求解方法中有不同的定义，在基于 Horn-Schunck 方法的求解中，误差函数可定义为两次迭代之间的差值，某一位置的光流结果取迭代结束后各通道中差值最小者。例如，彩色域中的光流求解基于 Lucas-Kanade 方法，则求解中方程组系数矩阵的条件数可作为误差函数使用，因其反映了所得光流解的可靠性，故可将其作为融合依据，针对每一像素位置都选择各颜色通道中条件数最小的解，即可得到最终的融合结果。

3.5.3　算法实现

基于局部约束的彩色光流计算方法具有较好的鲁棒性，光流计算精度相对于运用全局平滑约束的方法高。但局部约束方法在色彩梯度分量较小或各色彩通道间线性相关的时候无法求解或所得解不可靠，这些图像点经常出现在图像平坦区域，此时需考虑用其他求解方法来填补这些不可靠点。全局约束方法可得到密度为 100% 的光流场，其可使光流分量平滑地由可靠区域向不可靠区域传播，将局部与全局方法相结合，可综合利用局部约束求解精度高及全局约束可得到致密光流场的优点。

在灰度情况下的局部与全局结合的光流场混合计算能量泛函可表示为如式 (3-30) 所示的形式

$$E = \iint W_N^2 (f_x u + f_y v + f_t)^2 + \lambda (u_x^2 + u_y^2 + v_x^2 + v_y^2) \mathrm{d}x\mathrm{d}y \tag{3-30}$$

其中，W_N 是邻域加权系数矩阵，N 为邻域所含像素个数。最小化式 (3-30)，通过变分法可以导出欧拉方程，如式 (3-31) 所示

$$
\begin{aligned}
W_N^2 f_x (f_x u + f_y v + f_t) - \lambda \nabla^2 u = 0 \\
W_N^2 f_y (f_x u + f_y v + f_t) - \lambda \nabla^2 v = 0
\end{aligned}
\tag{3-31}
$$

其中，u、v 的拉普拉斯方程为

$$\nabla^2 u = \frac{\partial^2 u}{\partial x^2} + \frac{\partial^2 u}{\partial y^2}$$

$$\nabla^2 v = \frac{\partial^2 v}{\partial x^2} + \frac{\partial^2 v}{\partial y^2}$$

(3-32)

式(3-32)的一个近似解为

$$\nabla^2 u \approx \overline{u} - u$$

$$\nabla^2 v \approx \overline{v} - v$$

(3-33)

将式(3-33)代入式(3-31)，可得

$$u(\lambda + W_N^2 f_x^2) = \lambda \overline{u} - W_N^2 f_x f_y v - W_N^2 f_x f_t$$

$$v(\lambda + W_N^2 f_y^2) = \lambda \overline{v} - W_N^2 f_x f_y u - W_N^2 f_y f_t$$

(3-34)

利用 Gauss-Seidel 迭代解式(3-34)，可得光流解的迭代形式

$$u^{n+1} = \overline{u}^n - W_N^2 f_x \frac{f_x \overline{u}^n + f_y \overline{v}^n + f_t}{\lambda + W_N^2 f_x^2 + W_N^2 f_y^2}$$

$$v^{n+1} = \overline{v}^n - W_N^2 f_y \frac{f_x \overline{u}^n + f_y \overline{v}^n + f_t}{\lambda + W_N^2 f_x^2 + W_N^2 f_y^2}$$

(3-35)

　　如上面的推导即得到与经典灰度 Horn-Schunck 方法类似的迭代公式，只不过增加了邻域加权因子，这是局部与全局结合的混合光流计算的常用方案，结合式(3-29)可得出将上述混合模型推广至彩色域的方案。式(3-29)表示的彩色 Horn-Schunck 方法只考虑了某一像素位置处的单点色彩信息，而未考虑邻域情况，这里可考虑将各通道中相应像素位置处的邻域进行合并，并进行如式(3-35)所示的迭代运算。以应用 RGB 颜色模型为例，加权系数矩阵 W_N 的维数将由 $(2n+1) \times (2n+1)$ 变为 $(2n+1) \times (2n+1) \times 3$。此方式是直接对邻域加权的局部优化模型施加全局平滑约束的方案，本节将在此基础上给出三种局部与全局相结合的光流混合计算模型。需要指出的是，本章虽侧重于探讨彩色信息在光流场计算中的作用，但此处将给出的 3 种混合计算模型同样适用于灰度图像序列。

模型 1：对局部优化模型施加全局平滑约束

此模型即对加权邻域模型直接施加平滑约束，此处将其迭代公式重新表示为三通道彩色形式

$$u^{n+1} = \overline{u}^n - W_{3N}^2 f_x \frac{f_x \overline{u}^n + f_y \overline{v}^n + f_t}{\lambda + W_{3N}^2 f_x^2 + W_{3N}^2 f_y^2}$$

$$v^{n+1} = \overline{v}^n - W_{3N}^2 f_y \frac{f_x \overline{u}^n + f_y \overline{v}^n + f_t}{\lambda + W_{3N}^2 f_x^2 + W_{3N}^2 f_y^2}$$

(3-36)

加权系数矩阵 W_{3N} 维数为 $(2n+1) \times (2n+1) \times 3$，$N$ 为每一颜色通道中邻域包含的像素点个数。

模型 2：将局部优化模型的计算结果作为全局优化算法迭代的初值

基于局部优化模型的彩色光流求解方法采用加权最小二乘法实现，通常只能产生稀疏光流场。全局优化的光流求解采用迭代方法实现，在没有先验信息时可置初始光流分量为零，在已经由局部优化模型求得稀疏光流的情况下，可将该结果作为彩色光流求解全局迭代的初始值，利用全局平滑约束向局部优化方法无法求解的区域传播光流矢量。在局部模型无法求解或所得解不可靠的位置，可将光流初始迭代值设为 0。

模型 3：利用全局平滑约束的结果对局部优化模型的不可靠点进行替换

设局部优化模型求解时最小二乘系数矩阵为 A，则可通过计算矩阵 $A^{\mathrm{T}}A$ 的条件数来判断该位置是否可求解及解的可靠性。当矩阵 $A^{\mathrm{T}}A$ 为奇异阵时，其条件数趋于无穷大。矩阵的条件数越大，则矩阵的稳定性越差，由 $A^{\mathrm{T}}A$ 计算出的光流的准确性也就越低。故可将矩阵 $A^{\mathrm{T}}A$ 的条件数作为衡量标准。当以彩色局部优化模型计算光流时，如某一点处矩阵 $A^{\mathrm{T}}A$ 的条件数大于某一阈值 T，则终止该点处的光流计算，改用彩色全局平滑约束模型得到的解来替换在该点处的光流分量。

3.5.4 实验与误差分析

1. street 合成图像序列实验

实验采用合成彩色图像序列 street，实验图像如图 3.1 所示。采用彩色 Horn-Schunck 算法、彩色 Lucas-Kanade 算法及 3.5.3 节给出的三种模型的局部与全局混合方法进行测试。为方便测试，实验中的局部优化与全局优化均采用了相对简单的形式，其中，局部优化模型采用 3×3 的窗口，基于平滑约束的全局优化进行 100 次迭代。实验基于 RGB 颜色模型进行，并且设定三个颜色通道具有相同的权重。在模型 2 与模型 3 中，设定条件数阈值为 20，计算所得光流场均进行了 10 次中值滤波后处理，实验结果如表 3.3 所示。

表 3.3 street 序列实验算法误差表

算法	AAE/(°)	SD/(°)	光流密度/%
彩色 Horn-Schunck	13.18	29.23	100
彩色 Lucas-Kanade	8.91	24.84	85
模型 1	12.77	28.82	100
模型 2	12.68	28.27	100
模型 3	11.12	27.48	100

　　由表 3.3 及图 3.14 可以看出，彩色 Horn-Schunck 方法可以获得 100%的致密光流场，同时由于利用了彩色信息，光流估计精度相对于灰度方法略有提高，但由于采用了全局平滑约束，估计精度相对于其他彩色方法仍然较低。彩色 Lucas-Kanade 方法精度较高，但从图 3.15 可以看出，在图像较平坦的路面区域，仍然无法求得光流分量，其计算得到的光流场密度只有 85%。图 3.16 为混合模型 3 所得光流场，由表 3.3 数据可知，其综合了彩色 Horn-Schunck 方法与彩色 Lucas-Kanade 方法的优势，充分利用了彩色局部优化模型估计精度高、抗噪声能力强及全局优化模型可得到平滑一致光流估计的优势，既得到了致密光流场，又提高了光流估计精度。同时，模型 1 与模型 2 由于在方法上都受全局平滑约束迭代计算的影响，故在精度上较模型 3 略低。

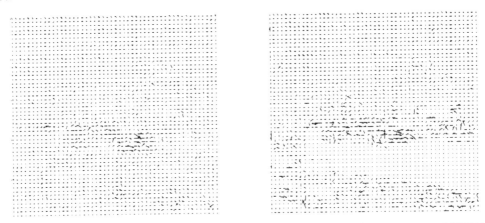

图 3.14　street 序列彩色 Horn-Schunck 光流场结果　　图 3.15　street 序列彩色 Lucas-Kanade 光流场结果

图 3.16　street 序列混合模型 3 光流场结果

2. vipmen 真实图像序列实验

真实场景实验基于彩色图像序列 vipmen 进行，实验图像如图 3.6 所示。实验用彩色 Horn-Schunck 方法、彩色 Lucas-Kanade 方法及模型 3 在 RGB 颜色空间求解光流场，所得光流场如图 3.17、图 3.18、图 3.19 所示。

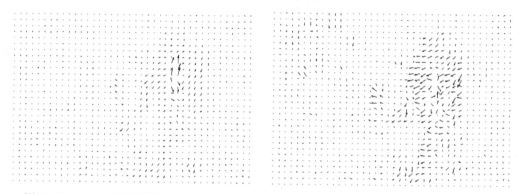

图 3.17　vipmen 序列彩色 Horn-Schunck　　　图 3.18　vipmen 序列彩色 Lucas-Kanade
　　　　　　光流场结果　　　　　　　　　　　　　　　　　光流场结果

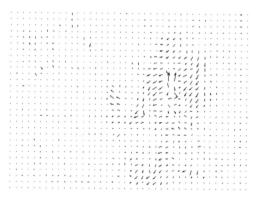

图 3.19　vipmen 序列混合模型 3 光流场结果

由图 3.17 可见，单纯采用彩色 Horn-Schunck 算法所得的光流场较平滑，同时在边界处较为模糊。采用邻域优化的彩色 Lucas-Kanade 方法所得的光流场存在部分无法估计或估计不准确的光流矢量。图 3.19 利用混合模型 3 所得的光流场综合了局部与全局优化的优势，得到了运动目标边界较清晰，同时一致性较好的光流结果，验证了混合模型的有效性。本章所给出的三种混合模型在应用中可根据实际情况进行选择。

本 章 小 结

　　不变量的确定是光流场计算的重要内容，传统方法多假定物体的亮度或颜色在运动中保持不变，从而构成光流约束方程进行求解。本章首先在传统彩色光流求解算法的基础上进一步假定物体色彩梯度保持不变，给出色彩梯度不变量，利用色彩矢量梯度构成新的光流基本方程，对其施加全局平滑约束求解光流。随后针对彩色多通道光流计算中部分解不可靠的问题，提出一种基于条件数可靠性判断的彩色图像序列光流融合计算方法，该方法仅利用单点彩色信息进行计算，增加了对复杂运动估计的灵活性，但也相对易受噪声干扰。为此，本章后半部分给出了三种考虑邻域信息的混合彩色光流计算模型，并利用彩色 Horn-Schunck 算法与彩色 Lucas-Kanade 算法对三种混合模型在 RGB 颜色空间进行了验证，证明了模型的有效性。实践中使用何种混合模型应依据实际应用场景进行选择。

第4章 变分多约束稠密光流计算方法

4.1 引　言

在光流估计技术发展的三十多年间，产生了多种光流计算的基本假设约束，如亮度恒常假设约束、色彩恒常假设约束、高阶恒常假设约束及各种速度场平滑假设约束。这些约束模型在光流计算中各具特点，如何将它们融合从而生成鲁棒、精确的光流计算方法成为近年研究的热点，而变分偏微分方法成为完成这一任务的有力数学工具，其通过构建包含数据项与平滑项的能量泛函并利用变分极小化获得的 Euler-Lagrange 方程求解光流场。本章将构建复合数据项并与光流平滑项相结合，同时基于数据项与平滑项鲁棒惩罚函数、多分辨率图像金字塔等技术以获得一种鲁棒的稠密光流计算方法。

4.2　变分偏微分光流基本形式

令 $f(x)$ 为一灰度图像序列，其中 $x = (x, y, t)$，$t \in [0, T]$ 表示时间。进一步假设图像序列被高斯卷积预平滑，则给定一个原始图像序列 $f_0(x)$，可得到 $f(x) = (K_\sigma * f_0)(x)$，其中，$K_\sigma$ 是标准差为 σ 的空域高斯函数，$*$ 表示卷积算子。这个预平滑步骤不但有助于减弱噪声在微分光流求解中的影响，而且可以使图像序列无限可微，有助于图像梯度计算。光流场描述在时刻 t 和 $t+1$ 两帧间的稠密位移场，其解通过最小化全局能量泛函的通用形式获得

$$E(u, v) = \int_\Omega [M(u, v) + \lambda V(\nabla u, \nabla v)] \mathrm{d}\Omega \tag{4-1}$$

其中，$\nabla = (\partial x, \partial y)$ 表示空间梯度算子；$M(u, v)$ 表示数据项；$V(\nabla u, \nabla v)$ 表示光流场平滑项；$\lambda > 0$ 是平滑权重。注意：能量泛函式 (4-1) 表示在时刻 t 和 $t+1$ 使用两帧图像计算光流场的空域情况，其可扩展至更通用的使用多帧的时空情况。根据变分极小化方法，针对光流 (u, v) 最小化能量泛函式 (4-1) 满足 Euler-Lagrange 方程

$$\partial_u M - \lambda[\partial_x(\partial_{u_x} V) + \partial_y(\partial_{u_y} V)] = 0$$
$$\partial_v M - \lambda[\partial_x(\partial_{v_x} V) + \partial_y(\partial_{v_y} V)] = 0 \tag{4-2}$$

式 (4-2) 满足 Neumann 边界条件。

　　利用变分偏微分方法求解光流场主要包括数据项设计、平滑项设计、极小化能量泛函及求解偏微分方程组等步骤。注意求解光流场所需的偏微分方程组是通过极小化通用能量泛函式(4-1)得到的，即式(4-2)所示的方程，因其具有通用形式，故在构建偏微分方程组的过程中，可以直接由式(4-2)列写出相应的偏微分方程组。

4.3　能量函数的设计

4.3.1　复合数据项的构建

　　经典的数据项假设约束是 Horn 和 Schunck 提出的亮度恒常约束，它表明物体表面像素点的灰度在移动过程中保持不变，即 $f(\boldsymbol{x}+\boldsymbol{w})=f(\boldsymbol{x})$。假设图像序列是平滑的，并且位移很小，此时可以进行泰勒级数展开并略去高次项从而导出线性光流方程，如式(4-3)所示

$$f_x u + f_y v + f_t = 0 \tag{4-3}$$

其中，下标表示偏导数。使用二次惩罚项，相应的数据项由式(4-4)给出

$$M_1(u,v) = (f_x u + f_y v + f_t)^2 \tag{4-4}$$

　　亮度恒常假设是一种理想化的光流求解约束，在很多复杂情况下往往不适用，如光照改变的情况，引入梯度恒常假设约束有助于缓解这一问题，如图 4.1 所示。

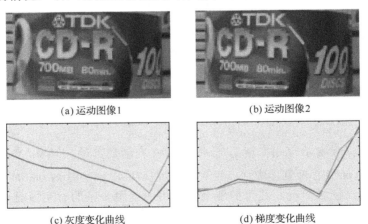

(a) 运动图像1　　　　　　　　　(b) 运动图像2

(c) 灰度变化曲线　　　　　　　　(d) 梯度变化曲线

图 4.1　梯度恒常约束

　　由图 4.1 可见，当图中的 CD 盒标签移动时，图 4.1(a) 和图 4.1(b) 中的光照不同，导致在两图中的画线部分的灰度发生变化，不再满足亮度恒常假设。图 4.1(c)

所示的两条曲线分别代表图 4.1(a) 和图 4.1(b) 中对应位置的灰度变化，可见两条曲线并不重合。图 4.1(d) 为使用梯度恒常假设的情况，可见两条灰度曲线近似重合，较好地满足了不变性假设，因此，将梯度作为不变量在光流场计算中具有克服光照变化的作用。

梯度对光照不敏感，在复杂的光照条件下具有更好的鲁棒性，且在不存在一阶形变的场合可以作为不变量使用，因此可得到梯度恒常约束。注意：梯度恒常约束引入了二阶导数，其对噪声更加敏感，且必须在二阶导数不为 0 的像素位置才可以使用。与此相对应，亮度恒常约束只要求一阶导数不为 0，因此可将梯度恒常约束与亮度恒常约束相结合构建复合数据项，在使用图像大量灰度细节信息的基础上，利用梯度信息对光照鲁棒的特点，增强数据项的鲁棒性。

为在数据项中使用梯度恒常约束，参照亮度恒常约束，可写出梯度恒常等式

$$\nabla f(x+u, y+v, t+1) = \nabla f(x, y, t) \tag{4-5}$$

对式 (4-5) 进行泰勒级数展开并略去高次项可得两个关于光流分量 u 和 v 的线性方程，如式 (4-6) 所示

$$f_{xx}u + f_{xy}v + f_{xt} = 0$$
$$f_{xy}u + f_{yy}v + f_{yt} = 0 \tag{4-6}$$

为在变分偏微分框架下融入梯度恒常约束，将亮度恒常约束与梯度恒常约束进行线性组合，得到新的数据项，如式 (4-7) 所示

$$M_2(u,v) = (f_x u + f_y v + f_t)^2 + \gamma \left[(f_{xx}u + f_{xy}v + f_{xt})^2 + (f_{xy}u + f_{yy}v + f_{yt})^2 \right] \tag{4-7}$$

彩色信息是图像携带的一种自然信息，可用于解决孔径问题。随着彩色摄像设备的普及，利用彩色信息进行光流求解受到研究人员越来越多的重视。通常情况下，彩色图像可以看成由多通道灰度图像组成，如 RGB 彩色空间中 R、G、B 通道可分别看成灰度图像且满足亮度恒常约束，则将数据项由灰度形式向彩色多通道矢量形式扩展，可得新的数据项如式 (4-8) 所示

$$M_3(u,v) = \sum_{c=1}^{\dim} [(f_c)_x u + (f_c)_y v + (f_c)_t]^2 + \gamma [(f_{xx}u + f_{xy}v + f_{xt})^2 + (f_{xy}u + f_{yy}v + f_{yt})^2] \tag{4-8}$$

4.3.2　平滑项的设计

光流计算中的平滑项也称正则项，其主要功能是克服孔径问题，产生平滑、稠密、一致的光流场。主要的平滑项假设可分为全局平滑约束假设和有向平滑约束假设。全局平滑约束假设流场在任意位置一致平滑，因此在运动边界及遮挡处常常产生不希望的模糊现象。有向平滑约束沿流场运动边缘方向施加平滑，而在穿越运动

边缘的方向上减弱平滑，因此可在一定程度上缓解运动模糊的问题，但其因需要判断运动边缘方向而引入高阶导数，因而对噪声更加敏感，且计算相对复杂，应用不如全局平滑约束广泛。基于此，本节在光流计算的过程中选用全局平滑约束模型，并利用 4.4 节将要介绍的鲁棒惩罚函数来克服运动模糊问题。

　　使用全局平滑约束，并与复合数据项相结合，可得如式(4-9)所示的光流能量泛函

$$E(u,v) = \int_{\Omega} M_3(u,v) + \lambda V(\nabla u, \nabla v) \mathrm{d}\Omega \tag{4-9}$$

其中，平滑项 V 表示为

$$V(\nabla u, \nabla v) = (u_x)^2 + (u_y)^2 + (v_x)^2 + (v_y)^2 \tag{4-10}$$

其完全形式为

$$\begin{aligned}
E(u,v) = \int_{\Omega} \sum_{c=1}^{\dim} [(f_c)_x u + (f_c)_y v + (f_c)_t]^2 + \gamma[(f_{xx}u + f_{xy}v + f_{xt})^2 + (f_{xy}u + f_{yy}v + f_{yt})^2] \\
+ \lambda[(u_x)^2 + (u_y)^2 + (v_x)^2 + (v_y)^2] \mathrm{d}\Omega
\end{aligned} \tag{4-11}$$

4.4　鲁棒惩罚函数

　　传统的光流数据项惩罚函数是二次函数，这种函数形式简单，使用方便。但该函数对集外点较为敏感，从而造成光流求解误差大。为解决该问题，可以使用鲁棒惩罚函数，该思想来源于图像处理中的全变分(Total Variation, TV)模型。边缘是图像的重要特征，在各种处理中应予以保留，但若以二次惩罚函数作为平滑性度量，则会对大梯度造成较大影响，这与图像的固有特征是不相容的，基于这一考虑，可以使用基于全变分模型的一次范数作为鲁棒惩罚函数，从而降低集外点的影响，保留运动边界。

4.4.1　变分有界函数空间与全变分范数

　　变分有界函数空间的定义为

$$\mathrm{BV}(\Omega) := \left\{ f, \int_{\Omega} |Df| \mathrm{d}\Omega < \infty \right\} \tag{4-12}$$

其中，Df 表示在分布意义上的 f 的导数(Distributional Derivative)。在一维情况下，有界变分函数的全变分定义为

$$\mathrm{TV}(f) := \int_{\Omega} |Df| \mathrm{d}x \tag{4-13}$$

也可写为

$$\mathrm{TV}(f) := \int_{\Omega} |f_x| \, \mathrm{d}x \tag{4-14}$$

$$\mathrm{TV}(f) := \int_{\Omega} |Df| \, \mathrm{d}\Omega \tag{4-15}$$

对于图像来说，式(4-15)可表示为

$$\mathrm{TV}(f) := \int_{\Omega} |\nabla f| \, \mathrm{d}\Omega \tag{4-16}$$

由全变分定义可以看出，$\mathrm{TV}(f)$ 具备下述重要性质：若 $f \in \mathrm{BV}([a,b])$，且 f 在 $[a,b]$ 内是单调函数，$f(a) = \alpha, f(b) = \beta$，且在 a、b 处 f 可导，则无论函数 f 的具体形式如何，总有

$$\mathrm{TV}(f) = |\alpha - \beta| \tag{4-17}$$

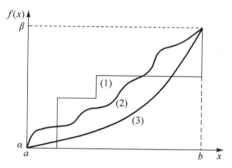

图 4.2　全变分的性质

图 4.2 所示的 3 条函数曲线，它们的光滑性具有很大差异，但由式(4-17)计算，它们具有相同的全变分。即若以 $\mathrm{TV}(f)$ 作为 f 平滑性的度量，图中的 3 条曲线是同样平滑的，在最小化 f 的全变分 $\mathrm{TV}(f)$ 的过程中并不会对 f 中的跳变产生大的影响，因此图像的边缘(跳变)在变分极小化过程中也可以得到保护，这对光流求解过程中排除集外点干扰、保留运动边界具有重要意义。

4.4.2　基于鲁棒函数的光流能量函数

基于全变分思想的一阶范数作为鲁棒惩罚函数，可有效屏蔽集外点对数据项和平滑项的影响，保留运动边缘，在光流场计算中具有重要的意义。在具体的应用中，可分别对数据项和平滑项应用鲁棒惩罚函数，如式(4-18)所示

$$E(u,v) = \int_{\Omega} \psi[M_3(u,v)] + \lambda \psi[V(\nabla u, \nabla v)] \mathrm{d}\Omega \tag{4-18}$$

其中，ψ 代表鲁棒惩罚函数。式(4-18)中，数据项的集外点主要来自运动中的遮挡、

亮度改变和噪声，而平滑项中的集外点主要来自运动不连续，鲁棒惩罚函数可有效屏蔽这些集外点带来的影响。应用鲁棒惩罚函数后，可以得到新的数据项，如式（4-19）所示

$$M_4(u,v)=\psi\left\{\sum_{c=1}^{\dim}[(f_c)_x u+(f_c)_y v+(f_c)_t]^2+\gamma[(f_{xx}u+f_{xy}v+f_{xt})^2+(f_{xy}u+f_{yy}v+f_{yt})^2]\right\} \quad (4-19)$$

对式（4-19）进行变分极小化得到的 Euler-Lagrange 方程即为光流求解所需的偏微分方程组。

式（4-19）对数据项 M_4 整体应用了鲁棒函数 ψ，而在实际应用中，亮度恒常约束与梯度恒常约束往往具有不同的集外点，因此可分别针对两种假设的集外点进行单独处理，得到更加鲁棒的结果。将鲁棒函数 ψ 分别作用于数据项的亮度恒常项与梯度恒常项，可得

$$M_5(u,v)=\psi\left\{\sum_{c=1}^{\dim}[(f_c)_x u+(f_c)_y v+(f_c)_t]^2\right\}+\gamma\psi\left[(f_{xx}u+f_{xy}v+f_{xt})^2+(f_{xy}u+f_{yy}v+f_{yt})^2\right] \quad (4-20)$$

则光流能量泛函如式（4-21）所示

$$E(u,v)=\int_{\Omega}\psi\left\{\sum_{c=1}^{\dim}[(f_c)_x u+(f_c)_y v+(f_c)_t]^2\right\}+\gamma\psi\left[(f_{xx}u+f_{xy}v+f_{xt})^2+(f_{xy}u+f_{yy}v+f_{yt})^2\right]$$
$$+\lambda\psi[(u_x)^2+(u_y)^2+(v_x)^2+(v_y)^2]\mathrm{d}\Omega \quad (4-21)$$

依据全变分思想，鲁棒惩罚函数 ψ 的具体形式为

$$\psi=|x| \quad (4-22)$$

该函数并不可导，这在极小化能量泛函过程中会造成困难，如图 4.3 所示。

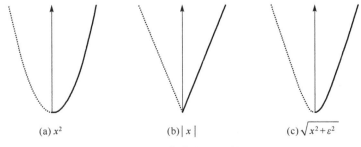

(a) x^2　　　　　　(b) $|x|$　　　　　　(c) $\sqrt{x^2+\varepsilon^2}$

图 4.3　鲁棒惩罚函数

由图 4.3 可见，图 4.3（a）所示的二次函数作为惩罚函数满足可导性要求，而图 4.3（b）所示的一次范数虽对集外点较为鲁棒，但其不可导，这为光流能量泛函极小化带来了困难。使用如图 4.3（c）所示的折中方案，即令鲁棒惩罚函数为 $\sqrt{x^2+\varepsilon^2}$，由函数曲线可见，做此变形后其为可导函数，应用中，通常令 $\varepsilon=0.001$。

值得一提的是，如果鲁棒惩罚函数 ψ 是凸函数，则式 (4-18) 所表示的能量泛函具有全局最小值，且利用适当的迭代方法一定可以找到该最小值，该最小值与初值的选择无关。另外，对于非凸的惩罚函数，能量函数具有多个局部最小值，需要使用启发式搜索算法进行寻优，且不能保证所得结果为全局最小。

4.5　能量泛函极小化及其数值计算

4.5.1　能量泛函极小化

得到光流能量泛函后，即可对其进行变分极小化从而得到求解光流场所需要的偏微分方程组，即对应的 Euler-Lagrange 方程。为简化符号，以下推导以灰度图像序列情况说明，其可直接向彩色矢量图像序列扩展。

针对数据项 $M_1(u,v)$ 及全局平滑约束模型的 Euler-Lagrange 方程可写为

$$(f_xu + f_yv + f_t)f_x - \lambda\Delta u = 0$$
$$(f_xu + f_yv + f_t)f_y - \lambda\Delta v = 0 \tag{4-23}$$

由式 (4-23) 可看出，变分极小化得到的 Euler-Lagrange 方程与数据项和平滑项有着明显对应关系，因此设计中可对数据项和平滑项分别进行修改。对平滑项应用鲁棒惩罚函数后，Euler-Lagrange 方程变为

$$(f_xu + f_yv + f_z)f_x - \lambda\mathrm{div}[\psi'(|\nabla u|^2 + |\nabla v|^2)\nabla u] = 0$$
$$(f_xu + f_yv + f_z)f_y - \lambda\mathrm{div}[\psi'(|\nabla u|^2 + |\nabla v|^2)\nabla v] = 0 \tag{4-24}$$

其中，ψ' 表示鲁棒惩罚函数的导数。注意：式 (4-24) 在离散化后为一个非线性方程组，对其求解需要使用固定点迭代方法。在此基础上加入对数据项的鲁棒惩罚后，可以得到

$$\psi'[(f_xu + f_yv + f_t)^2](f_xu + f_yv + f_t)f_x - \lambda\mathrm{div}[\psi'(|\nabla u|^2 + |\nabla v|^2)\nabla u] = 0$$
$$\psi'[(f_xu + f_yv + f_t)^2](f_xu + f_yv + f_t)f_y - \lambda\mathrm{div}[\psi'(|\nabla u|^2 + |\nabla v|^2)\nabla v] = 0 \tag{4-25}$$

对数据项使用鲁棒惩罚函数会进一步引入非线性，同样可以使用固定点迭代方法进行求解。这里数据项和平滑项可以根据实际情况使用不同的鲁棒惩罚函数，在本章中为计算方便，使用 $\sqrt{x^2 + \varepsilon^2}$ 作为鲁棒惩罚函数。

在数据项中加入梯度恒常约束后，光流能量泛函的 Euler-Lagrange 方程变为

$$\psi'(M_2)[(f_xu + f_yv + f_t)f_x + \gamma(f_{xx}u + f_{xy}v + f_{xt})f_{xx} + (f_{xy}u + f_{yy}v + f_{yt})f_{xy}]$$
$$- \lambda\mathrm{div}[\psi'(|\nabla u|^2 + |\nabla v|^2)\nabla u] = 0$$
$$\psi'(M_2)[(f_xu + f_yv + f_t)f_y + \gamma(f_{xx}u + f_{xy}v + f_{xt})f_{xy} + (f_{xy}u + f_{yy}v + f_{yt})f_{yy}]$$
$$- \lambda\mathrm{div}[\psi'(|\nabla u|^2 + |\nabla v|^2)\nabla v] = 0 \tag{4-26}$$

式(4-26)即为求解光流场所需的偏微分方程组。

4.5.2　数值计算

在变分偏微分光流场数值计算方案中，最早采用的是 Gauss-Seidel 迭代法。针对基本的 Horn-Schunck 能量泛函及其 Euler-Lagrange 方程式(4-23)，其 Gauss-Seidel 迭代公式为

$$u^{n+1} = \overline{u}^n - f_x \frac{f_x \overline{u}^n + f_y \overline{v}^n + f_t}{\lambda + f_x^2 + f_y^2}$$

$$v^{n+1} = \overline{v}^n - f_y \frac{f_x \overline{u}^n + f_y \overline{v}^n + f_t}{\lambda + f_x^2 + f_y^2}$$

(4-27)

迭代过程中，在没有任何初值信息的情况下，光流分量可设为 0。实际应用中，为加速算法收敛速度，常使用超松弛(Successive Over Relaxation, SOR)迭代方法，它可有效求解稀疏线性方程组。利用 SOR 迭代求解式(4-23)的迭代方程为

$$u_i^{k+1} = (1-\omega)u_i^k + \omega \frac{\sum\limits_{j \in N^-(i)} u_j^{k+1} + \sum\limits_{j \in N^+(i)} u_j^k - \frac{1}{\lambda}[(f_x f_y)_i v_i^k + (f_x f_t)_i]}{\sum\limits_{j \in N^-(i) \cup N^+(i)} 1 + \frac{1}{\lambda}(f_x^2)_i}$$

$$v_i^{k+1} = (1-\omega)v_i^k + \omega \frac{\sum\limits_{j \in N^-(i)} v_j^{k+1} + \sum\limits_{j \in N^+(i)} v_j^k - \frac{1}{\lambda}[(f_x f_y)_i u_i^k + (f_y f_t)_i]}{\sum\limits_{j \in N^-(i) \cup N^+(i)} 1 + \frac{1}{\lambda}(f_y^2)_i}$$

(4-28)

其中，i 为像素索引，j 为邻域像素索引，k 为迭代次数；$N^-(i)$ 表示像素 i 的邻域中 $j < i$ 的像素集合；$N^+(i)$ 表示像素 i 的邻域中 $j > i$ 的像素集合；ω 为松弛参数，其取值范围为 $\omega \in (0,2)$。当 $\omega < 1$ 时，为欠松弛迭代；当 $\omega > 1$ 时，为超松弛迭代；当 $\omega = 1$ 时，算法退化为 Gauss-Seidel 迭代。在本章的应用中，ω 取接近于 2 的值可得到较好的执行效果。

在数据项与平滑项中使用鲁棒惩罚函数后，式(4-25)中引入了非线性，但可以通过固定点迭代的方法进行求解，其主要思想是在迭代过程中令 $\psi'[(f_x u + f_y v + f_t)^2]$ 和 $\psi'(|\nabla u|^2 + |\nabla v|^2)$ 中的 u 和 v 保持不变，则式(4-25)变为线性方程组，可以用 SOR 迭代方法进行求解。迭代中使用内外两层嵌套循环实现，内循环用来求解线性方程组，外循环求解固定点迭代。

定义 $\psi_D'^k = \psi'[(f_x u + f_y v + f_t)^2]$ 作为数据项中的一个鲁棒因子。同时定义 $\psi_S'^k =$

$\psi'(|\nabla u|^2 + |\nabla v|^2)$ 作为平滑项中的扩散因子。令 l 表示 SOR 迭代索引，则解线性方程组的 SOR 迭代公式可表示为

$$u_i^{k,\,l+1} = (1-\omega)u_i^{k,l} + \omega \frac{\displaystyle\sum_{j\in N^-(i)}(\psi_S')_{i\sim j}^k u_j^{k,l+1} + \sum_{j\in N^+(i)}(\psi_S')_{i\sim j}^k u_j^{k,l} - \frac{(\psi_D')_i^k}{\lambda}[(f_x f_y)_i v_i^{k,l} + (f_x f_t)_i]}{\displaystyle\sum_{j\in N^-(i)\cup N^+(i)}(\psi_S')_{i\sim j}^k + \frac{(\psi_D')_i^k}{\lambda}(f_x^2)_i}$$

$$v_i^{k,\,l+1} = (1-\omega)v_i^{k,l} + \omega \frac{\displaystyle\sum_{j\in N^-(i)}(\psi_S')_{i\sim j}^k v_j^{k,l+1} + \sum_{j\in N^+(i)}(\psi_S')_{i\sim j}^k v_j^{k,l} - \frac{(\psi_D')_i^k}{\lambda}[(f_x f_y)_i u_i^{k,l} + (f_y f_t)_i]}{\displaystyle\sum_{j\in N^-(i)\cup N^+(i)}(\psi_S')_{i\sim j}^k + \frac{(\psi_D')_i^k}{\lambda}(f_y^2)_i}$$

$$(4\text{-}29)$$

其中，$(\psi_S')_{i\sim j}^k$ 表示平滑项中当前像素 i 与邻域像素 j 之间的扩散运算，针对光流分量 u 和 v，其离散化形式分别为

$$
\begin{aligned}
(\psi_S')_{i\sim j}^k u_j^k \approx{}& g_{m+1/2,n}(u_{m+1,n} - u_{m,n}) - g_{m-1/2}(u_{m,n} - u_{m-1,n}) \\
&+ g_{m,n+1/2}(u_{m,n+1} - u_{m,n}) - g_{i,j-1/2}(u_{m,n} - u_{m,n-1})
\end{aligned}
$$

$$
\begin{cases}
g_{m,n\pm1/2} = \left[(u_{m,n\pm1} - u_{m,n})^2 + \dfrac{(u_{m+1,n\pm1} - u_{m-1,n\pm1})^2 + (u_{m+1,n} - u_{m-1,n})^2}{8}\right]^{-1/2} \\[4mm]
g_{m\pm1/2,n} = \left[(u_{m\pm1,n} - u_{m,n})^2 + \dfrac{(u_{m\pm1,n+1} - u_{m\pm1,n-1})^2 + (u_{m,n+1} - u_{m,n-1})^2}{8}\right]^{-1/2}
\end{cases}
$$

$$
\begin{aligned}
(\psi_S')_{i\sim j}^k v_j^k \approx{}& g_{m+1/2,n}(v_{m+1,n} - v_{m,n}) - g_{m-1/2}(v_{m,n} - v_{m-1,n}) \\
&+ g_{m,n+1/2}(v_{m,n+1} - v_{m,n}) - g_{i,j-1/2}(v_{m,n} - v_{m,n-1})
\end{aligned}
$$

$$(4\text{-}30)$$

$$
\begin{cases}
g_{m,n\pm1/2} = \left[(v_{m,n\pm1} - v_{m,n})^2 + \dfrac{(v_{m+1,n\pm1} - v_{m-1,n\pm1})^2 + (v_{m+1,n} - v_{m-1,n})^2}{8}\right]^{-1/2} \\[4mm]
g_{m\pm1/2,n} = \left[(v_{m\pm1,n} - v_{m,n})^2 + \dfrac{(v_{m\pm1,n+1} - v_{m\pm1,n-1})^2 + (v_{m,n+1} - v_{m,n-1})^2}{8}\right]^{-1/2}
\end{cases}
$$

加入梯度恒常约束项后，固定点迭代模式的 Euler-Lagrange 方程变得复杂，但通过定义适当的符号表示，仍可用与前面类似的方式清楚地表达，在第 k 次迭代时，定义

$$(\psi_D')^k = \psi'\{(f_x u^k + f_y v^k + f_t)^2 + \gamma[(f_{xx}u^k + f_{xy}v^k + f_{xt})^2 + (f_{xy}u^k + f_{yy}v^k + f_{yt})^2]\} \quad (4\text{-}31)$$

则固定点迭代格式的 Euler-Lagrange 方程可写为

$$(\psi'_D)^k[(f_x u^{k+1} + f_y v^{k+1} + f_t)f_x + \gamma(f_{xx}u^{k+1} + f_{xy}v^{k+1} + f_{xt})f_{xx} + (f_{xy}u^{k+1} + f_{yy}v^{k+1} + f_{yt})f_{xy}]$$
$$- \lambda \text{div}[(\psi'_S)^k \nabla u^{k+1}] = 0$$

$$(\psi'_D)^k[(f_x u^{k+1} + f_y v^{k+1} + f_t)f_y + \gamma(f_{xx}u^{k+1} + f_{xy}v^{k+1} + f_{xt})f_{xy} + (f_{xy}u^{k+1} + f_{yy}v^{k+1} + f_{yt})f_{yy}]$$
$$- \lambda \text{div}[(\psi'_S)^k \nabla v^{k+1}] = 0$$

$$(4\text{-}32)$$

最终的完整 SOR 迭代公式可表示为

$$u_i^{k,\,l+1} = (1-\omega)u_i^{k,l} + \omega \frac{\displaystyle\sum_{j\in N^-(i)}(\psi'_S)^k_{i\sim j}u_j^{k,l+1} + \sum_{j\in N^+(i)}(\psi'_S)^k_{i\sim j}u_j^{k,l}}{\displaystyle\sum_{j\in N^-(i)\cup N^+(i)}(\psi'_S)^k_{i\sim j} + \frac{(\psi'_D)^k_i}{\lambda}[(f_x^2)_i + (f_{xy})_i^2 + (f_{xx})_i^2]}$$

$$-\omega \frac{\dfrac{(\psi'_D)^k_i}{\lambda}\left((f_x f_y)_i v_i^{k,l} + (f_x f_t)_i + \gamma\{[(f_{xy})_i v_i^{k,l} + (f_{xt})_i](f_{xx})_i + [(f_{yy})_i v_i^{k,l} + (f_{yt})_i](f_{xy})_i\}\right)}{\displaystyle\sum_{j\in N^-(i)\cup N^+(i)}(\psi'_S)^k_{i\sim j} + \frac{(\psi'_D)^k_i}{\lambda}[(f_x^2)_i + (f_{xy})_i^2 + (f_{xx})_i^2]}$$

$$v_i^{k,\,l+1} = (1-\omega)v_i^{k,l} + \omega \frac{\displaystyle\sum_{j\in N^-(i)}(\psi'_S)^k_{i\sim j}v_j^{k,l+1} + \sum_{j\in N^+(i)}(\psi'_S)^k_{i\sim j}v_j^{k,l}}{\displaystyle\sum_{j\in N^-(i)\cup N^+(i)}(\psi'_S)^k_{i\sim j} + \frac{(\psi'_D)^k_i}{\lambda}[(f_y^2)_i + (f_{xy})_i^2 + (f_{yy})_i^2]}$$

$$-\omega \frac{\dfrac{(\psi'_D)^k_i}{\lambda}\left((f_x f_y)_i u_i^{k,l+1} + (f_y f_t)_i + \gamma\{[(f_{xx})_i u_i^{k,l+1} + (f_{xt})_i](f_{xy})_i + [(f_{xy})_i u_i^{k,l+1} + (f_{yt})_i](f_{yy})_i\}\right)}{\displaystyle\sum_{j\in N^-(i)\cup N^+(i)}(\psi'_S)^k_{i\sim j} + \frac{(\psi'_D)^k_i}{\lambda}[(f_y^2)_i + (f_{xy})_i^2 + (f_{yy})_i^2]}$$

$$(4\text{-}33)$$

4.6　基于图像金字塔的多分辨率光流计算

到目前为止已设计并推导了变分偏微分多模型光流计算所需的能量泛函、Euler-Lagrange 方程及其离散化迭代计算公式，但要得到一种高精度的光流计算方法，还要考虑大位移问题。大位移指图像序列中对应像素点位移较大的情况，理想情况下，基于微分的光流方法能够准确估计的像素位移不大于每帧 1 像素，这是因为此情况下导数估计较为准确，而大于 1 像素的位移会造成较大的误差。从理论上分析，造成该现象的根本原因是在得到光流基本方程的过程中泰勒级数展开略去了高次项。光流计算要处理的图像序列帧间位移往往较大，常会超过 10 像素甚至更多，因此采取有效措施克服大位移问题显得尤为重要，基于图像金字塔的多分辨率光流计算为此提供了有效途径。

4.6.1 图像金字塔及其构建

多分辨率的光流计算方法通常通过图像金字塔的方式来实现。图像金字塔是一系列以金字塔形状排列的不同分辨率图像集合，在计算机视觉中常用于多尺度多分辨率图像分析与搜索类算法中减少计算量，常规的图像金字塔如图 4.4 所示。

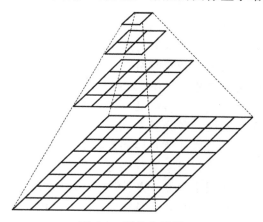

图 4.4 图像金字塔

图像金字塔是对底层的原始分辨率图像逐层进行滤波和降采样得到的，降采样完成图像分辨率的缩减，滤波是为消除降采样过程中可能会产生的混叠。图 4.4 中，上层图像分辨率是下层图像的 1/4，即对每一层图像进行隔行隔列采样。通过不断缩减图像分辨率，图像的尺度逐渐增大，从而提供了算法在多尺度多分辨率上进行图像分析的能力。在变分光流计算中，大位移问题也可以通过降采样进行克服，在隔行隔列采样的情况下，金字塔每升高一层，图像中行与列的分辨率就降低一半，这意味着位移量也相应地降低一半，通过分层，位移量最终会降低至小于 1 像素的水平，从而满足变分光流计算的要求，实际应用中也可以选择其他的采样因子。

4.6.2 多分辨率光流计算框架

基于图像金字塔的多分辨率光流计算为大位移问题提供了良好的解决方案，其计算过程分为金字塔构建和光流逐层计算两大部分。金字塔构建主要包括滤波和降采样，可得到一系列不同分辨率的图像集合。光流逐层计算在该图像集合上从最低分辨率图像开始估计，并逐层向高分辨率层映射，其整体计算框架如图 4.5 所示。

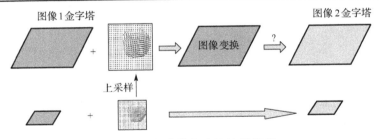

图 4.5　多分辨率光流计算框架

　　该方法首先在金字塔最低分辨率层利用本章的多约束光流方法计算初始光流值，然后根据下一高分辨率层的分辨率对所得光流场进行上采样，并利用上采样后的光流对图像 1 进行变形（Warping），即将图像 1 根据计算所得光流场向图像 2 进行变换。最后对变形后的图像与相应层图像 2 之间的残差进行最小化以求解当前层光流值，重复此过程，直至图像金字塔最高分辨率层。

　　由以上过程可以看出，设计多分辨率光流计算框架有几方面需要注意，即金字塔采样因子、图像变形、上采样插值及层间数据处理等几部分。

　　金字塔采样因子是指当前分辨率层与高分辨率层图像行或列的比值，传统的多分辨率光流计算多基于采样因子为 0.5 的图像金字塔进行，这种分层方法不够细致，跨度较大，容易在层间映射过程中陷入局部极值，引入较大误差，随着研究的深入，基于任意采样因子的金字塔分层方法逐渐引起重视。通过增大采样因子（0.9～0.95），增加金字塔层数来避免较大的层间映射误差，从而提高光流估计精度，采用较大的采样因子可使金字塔层数增加到几十层，层数可根据图像分辨率自动选择。

　　图像变形利用图像几何变换将第 1 帧图像向第 2 帧图像变换，则变形后的图像与第 2 帧图像位移进一步减小，更有利于使用变分光流算法求解当前层光流精确值。

　　上采样插值主要解决光流场由低分辨率层向高分辨率层映射时在非整数坐标位置插值的问题。在计算机视觉中应用的插值方法主要有双线性插值和双三次插值，双三次插值的性能优于双线性插值。本章方法使用双三次插值进行光流场层间映射，以在各层获得高品质光流初值。

　　层间数据处理是指在各分辨率层计算得到光流场后为滤除杂点所进行的后处理。利用中值滤波进行光流场后处理可有效去除光流杂点，提高估计精度。为此，在本章方法中，将中值滤波与金字塔分层计算相结合，在每层计算得到光流场后使用中值滤波进行杂点处理，从而提高光流计算精度。

　　至此，将变分偏微分多约束光流方法与多分辨率计算框架相结合，即得到所设计的稠密光流方法。本章讨论的方法基于两帧图像计算光流场，加入时空导数计算后，也可方便地向多帧光流方法扩展。

4.7　实验与误差分析

对本章给出的多分辨率多约束光流计算方法进行数值仿真实验，以检验算法性能。实验分为合成图像序列实验和真实图像序列实验。参与对比的分别为 CLG-TV 方法、Brox 方法、Sun 方法及本章所给出的方法。测试平台为 ThinkPad W520 移动图形工作站，CPU 为 i7-2760QM，8GB 内存。

4.7.1　合成图像序列实验

本节采用合成彩色图像测试序列 street 进行测试，该序列附带真实光流场数据，取图像序列的第 10 帧与第 11 帧，如图 4.6 所示。

(a) street 序列的第 10 帧　　　　　　　　(b) street 序列的第 11 帧

图 4.6　street 图像序列

实验中设置高斯平滑核标准差 $\sigma = 0.1$，图像梯度使用核 $(-1\ \ 8\ \ 0\ \ -8\ \ 1)/12$ 计算，全局平滑参数 $\lambda = 100$，梯度加权参数 $\gamma = 1$，中值滤波窗口设为 5×5，金字塔分层层数由式 (4-34) 自动计算

$$\text{num} = \text{round}\{\log_{10}[w\_\min / \min(ht, wt\,)] / \log_{10}(\text{factor})\} \quad (4\text{-}34)$$

其中，$w\_\min$ 为金字塔底层图像最小边长，实验中设为 20；(ht, wt) 为原始分辨率图像的高和宽；factor 为图像金字塔采样因子，实验中设为 0.95。street 序列真实光流场及其彩色编码表达如图 4.7 所示。

图 4.7 为 street 序列第 10 帧与第 11 帧的真实光流场，分别用彩色编码图和矢量图的形式表示。图 4.7(a) 为用于光流场编码的彩色编码图，以不同的颜色代表不同的运动方向，以颜色的深浅代表运动矢量的大小。图 4.7(b) 为以颜色编码的真实光流场，图 4.7(c) 为真实光流场的矢量图表达。计算结果及误差对比如图 4.8 和表 4.1 所示。

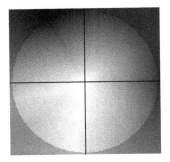  

(a)光流场彩色编码图　　　　　　　(b)真实光流场　　　　　　　(c)真实光流场矢量图

图 4.7　street 序列真实光流场

(a) CLG-TV 方法　　　　　　　　　　(b) Brox 方法

(c) Sun 方法　　　　　　　　　　(d) 本章方法

图 4.8　street 序列光流场结果

表 4.1　street 序列算法误差表

算法	AAE/(°)	EPE	SD/(°)	TIME/s
CLG-TV	5.21	0.16	12.61	2.49
Brox	3.73	0.11	11.35	2.78
Sun	3.15	0.10	8.71	115.27
本章方法	2.53	0.07	9.21	2.99

图 4.8 给出了各种对比方法的光流彩色编码图，CLG-TV 方法在前景与背景处均能得到一致性较好的光流，但其在运动边缘处的结果仍不够理想。Brox 方法改进了金字塔实现，在改善运动边缘效果的同时提高了光流场精度。Sun 方法具有最为锐利的运动边缘，流场一致性较好且精度高，但在前景的汽车中有一些光流分量估计错误。本章给出的方法综合了各种算法的优势，在 street 序列的测试中，所给出的算法具有最高的精度，且在光流稠密性、一致性、运动边缘和估计精度方面本章方法取得了较好的平衡，而在运动边缘锐利度方面 Sun 方法具有较为明显的优势。在算法运行速度方面，Sun 方法执行时间最长，其余几种算法则相差不大，速度较快，由此可见本章方法综合性能最优。

4.7.2　真实图像序列实验

真实图像测试序列来自计算机视觉算法综合测试网站 Middlebury，该网站提供了较完善的光流测试数据集，网址为 http://vision.middlebury.edu/flow。实验中选用 RubberWhale 序列中的第 10 帧和第 11 帧，如图 4.9 所示。

(a) RubberWhale 序列第 10 帧　　　　　(b) RubberWhale 序列第 11 帧

图 4.9　RubberWhale 图像序列

该图像序列分辨率为 584×388，包含许多局部运动，以比较各种假设约束在具有多局部运动的真实图像序列中的效果，如图 4.10 所示。

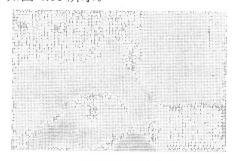

(a) 真实光流场　　　　　　　　　(b) 真实光流场矢量图

图 4.10　RubberWhale 序列真实光流场

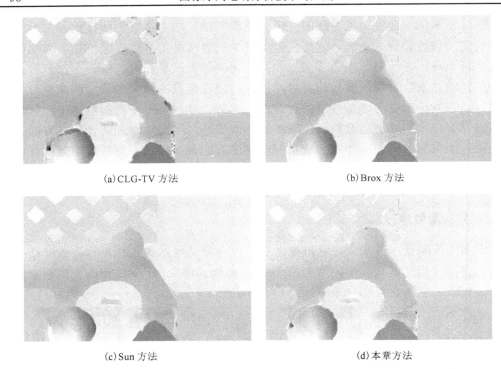

（a）CLG-TV 方法　　　　　　　　　　　　　　（b）Brox 方法

（c）Sun 方法　　　　　　　　　　　　　　（d）本章方法

图 4.11　RubberWhale 序列光流场结果

表 4.2　RubberWhale 序列算法误差表

算法	AAE/(°)	EPE	SD/(°)	TIME/s
CLG-TV	4.93	0.13	15.30	7.48
Brox	4.74	0.12	14.56	17.13
Sun	3.26	0.07	12.66	673.86
本章方法	4.16	0.10	13.28	18.02

　　由图 4.11 及表 4.2 可见，CLG-TV 方法使用鲁棒惩罚函数和金字塔计算结构，光流场计算精度较高，运动边界清晰可辨，这说明多分辨率结构和基于全变分的鲁棒惩罚函数是有效的，且具有一定通用性。Brox 方法相比 CLG-TV 方法光流计算精度有所提高，但在一些细节上仍存在一定程度的模糊。Sun 方法再一次得到较为锐利的边缘，且在本测试序列的实验中获得了最好的效果，说明其适用于存在较多局部运动的场合，但相应的代价是计算量的增大。本章所给出的方法综合各种算法优势，在边缘锐利程度、光流计算精度和流场一致性方面取得了较好的平衡，且在速度方面具有一定优势，综合性能较好。

本 章 小 结

　　本章给出一种基于变分偏微分的多约束光流计算方法，该方法充分结合了光流计算中各种假设约束的优势并在变分偏微分框架下进行融合，利用彩色恒常约束克服孔径问题，利用梯度恒常约束克服光照变化，并构建了复合数据项，同时利用全局平滑约束得到稠密一致光流场。为排除集外点的影响，在数据项与平滑项上同时使用了基于全变分的鲁棒惩罚函数以获得清晰运动边缘。最后，为克服大位移影响，使用了基于中值滤波的改进图像金字塔。合成与真实图像序列测试表明，本章方法在光流计算精度与计算速度上取得了较好的平衡，是一种综合性能较优的光流计算方法。

第5章 基于卷积神经网络的有监督光流学习方法

5.1 引　言

　　基于变分模型的光流估计方法通过构建数据项和平滑项来约束两帧图像和光流之间的关系，这类方法不具有从数据集中学习运动规律的能力，且运行速度缓慢，不适合实时应用。近年来，卷积神经网络(CNN)成功地应用于计算机视觉的各个领域，包括光流计算领域，这类基于深度学习的光流计算方法利用庞大的真值数据集训练网络，使网络能够直接从真值数据中学习运动先验知识。然而，此类学习方法严重依赖深度学习网络的映射能力，忽略了传统方法中的运动假设约束，本章提出一种将变分方法中的运动先验假设与有监督卷积神经网络融合的光流学习方法，即将图像亮度恒常约束、梯度恒常约束和空间平滑约束引入网络的训练过程，以获得更加细致和平滑的光流场，并提高光流估计的准确性。

5.2　有监督光流学习网络基本原理

　　深度卷积神经网络强大的非线性映射能力可以从数据中学习运动规律，同时变分方法中的经典假设约束的有效性也在长期应用中得到了充分验证，将两者有机结合，可综合利用各自的优势得到性能较优的光流学习方法。考虑到网络训练过程中输入图像对与光流之间的约束关系，将传统假设约束与有监督学习网络相结合，将变分方法中的亮度恒常假设与梯度恒常假设作为约束项，并且在损失层中添加平滑约束以约束光流的解空间，网络工作原理如图 5.1 所示。与传统的变分光流计算框架相比，深度学习方法的优越性在于它可以利用大型训练数据集中的先验知识自适应学习光流，以弥补传统方法仅能依靠人工设计运动先验约束的不足。

　　在训练过程中，给定一对图像作为网络输入，CNN 模型会给出其输出层光流场的估计，训练过程通过极小化估计得到的光流与真实光流之间的差值来优化网络模型，同时通过将亮度恒常约束、梯度恒常约束以及运动平滑约束加入损失函数来共同约束模型训练。本章在 FlyingChairs 数据集上训练 CNN 模型，并在 MPI-Sintel、KITTI2012、KITTI2015、Middlebury 和 FlyingChairs 数据集上进行测试。几个公共数据集的实验结果表明，本章所设计的方法可以获得更细致平滑的光流场，综合性能较优。

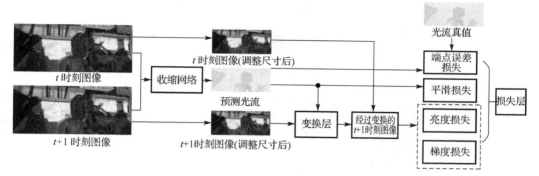

图 5.1　有监督光流学习 CNN 工作原理框图

5.3　有监督光流学习网络设计

给定图像对 I_1、I_2 和光流真值 F_0，训练能够估计光流 F 的 CNN 模型。F_0 包含 u 和 v，分别是水平和垂直方向的像素运动速度。首先在 5.3.1 节介绍用于光流估计的网络架构，然后在 5.3.2 节介绍将先验假设约束与 CNN 模型融合的具体细节。

5.3.1　网络架构

许多当前用于光流学习的网络都遵循 FlowNet 架构。FlowNet 拥有两个基础网络，即 FlowNetS 和 FlowNetC。FlowNetS 包含收缩和扩张两个部分，在收缩部分中，首先将两幅输入图像堆叠后进行一系列卷积操作，最后的卷积层输出低分辨率下的光流特征图，之后在扩张层使用连续的反卷积操作将低分辨率下的光流特征图恢复成与输入图像具有相同分辨率的稠密光流，从而利用 CNN 模型来端到端地估计每个像素的光流分量。另一个网络 FlowNetC 首先分别对两幅输入图像进行卷积操作，之后使用相关层计算两幅特征图之间的匹配关系。

在本章所设计的模型中，首先将输入图像对下采样处理到不同尺度下，然后在多尺度多分辨率框架下进行有监督学习，并提出了一种适用于有监督训练的多假设损失函数，该函数在网络训练阶段添加至扩张部分，在光流推断阶段则不起作用。图 5.2 给出了基于 FlowNetS 的改进网络架构，收缩部分包含具有不同步长（1 和 2）的连续卷积层，图 5.3 则给出了 FlowNetC 的收缩部分网络架构，其扩展部分与图 5.2 相同。

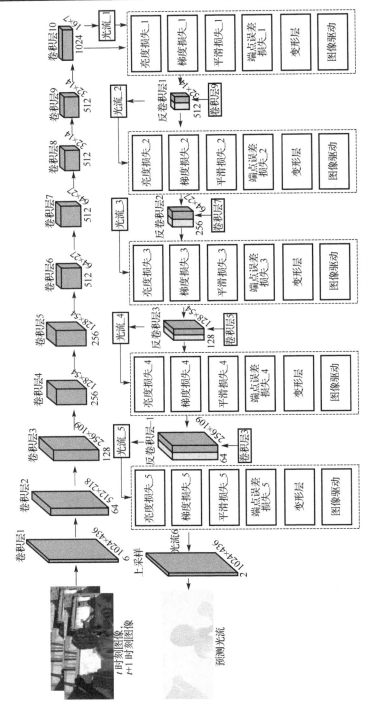

图 5.2 基于 FlowNetS 的改进光流学习网络架构

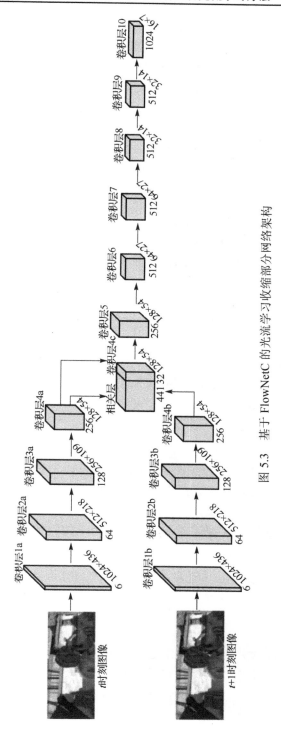

图 5.3　基于 FlowNetC 的光流学习收缩部分网络架构

　　本章所设计的基于 FlowNetS 和 FlowNetC 的光流学习网络模型扩张部分是相同的，在扩张部分提出的网络模型损失函数不仅采用端点误差(EPE)而且集成了变分方法中的先验假设，包括亮度恒常、梯度恒常和光流平滑等来约束网络学习光流。这些先验假设作为引导网络训练的额外辅助项，与基于全变分(TV)的正则化方法和基于梯度幅度图像驱动方法相结合来保护运动边缘。与变分光流方法相似，在扩张部分的每一分辨率层使用相应分辨率的预测光流将图像对中的第二幅图像向第一幅图像进行变形(Warp)，并通过极小化残差提高光流估计精度。训练过程中，为在网络内部实现变形操作的反向传播，本章采用了 Jaderberg 等提出的空间变换器网络，变形后的图像可用式(5-1)表示

$$L_w = \sum_m^W \sum_n^H I_{mn} \max(0, 1 - |x_2 - n|) \max(1 - |y_2 - m|) \tag{5-1}$$

其中，I_{mn} 为输入图像，(m, n) 为 I_{mn} 上的坐标；(x_2, y_2) 为第二幅图像上的采样坐标，通过计算偏导数来实现反向传播处理，如式(5-2)与式(5-3)所示

$$\frac{\partial I_w}{\partial I_{mn}} = \sum_m^H \sum_n^W \max(0, 1 - |x_2 - n|) \max(0, 1 - |y_2 - m|) \tag{5-2}$$

$$\frac{\partial I_w}{\partial x_2} = \sum_m^H \sum_n^W I_{mn} \max(0, 1 - |y_2 - m|) \begin{cases} 0, & |n - x_2| \geqslant 1 \\ 1, & n \geqslant x_2 \\ -1, & n \leqslant x_2 \end{cases} \tag{5-3}$$

$\dfrac{\partial I_w}{\partial y_2}$ 可用同样的方式计算。

　　通过上述方式即可实现光流网络的端到端训练。在训练阶段，还可以利用数据增强来避免过拟合。给定含有光流真值的运动图像序列数据集，所设计的网络不断地计算损失函数值，并使用反向传播逐层更新网络权重实现对光流的学习。在测试阶段，在训练得到的网络模型输入端输入包含运动的图像对，在输出端即可得到预测的稠密光流。

5.3.2　多假设约束学习

1.　数据项

　　变分光流估计中使用的经典约束是亮度恒常约束，其假设运动表面像素点的亮度在位移过程中保持不变，可用式(5-4)表示

$$I(x, y, t) = I(x + u, y + v, t + 1) \tag{5-4}$$

其中，$I(x,y,t)$ 表示在点 $\boldsymbol{x}=(x,y)$ 位置的第 t 帧像素值；$w=(u,v,1)^{\mathrm{T}}$ 是第 t 帧和第 $t+1$ 帧之间的位移矢量，u 和 v 分别是水平和垂直方向上的位移。

在本章的框架中，将亮度恒常约束置入网络优化过程中，并将损失函数定义为式(5-5)的形式来度量训练阶段的预测光流误差

$$L_b = \sum_{x}^{N} \psi_D \{|I_2[\boldsymbol{x}+w(\boldsymbol{x})] - I_1(\boldsymbol{x})|\} \tag{5-5}$$

其中，N 表示像素点的总数；ψ_D 是鲁棒惩罚函数，此处选择 Charbonnier 函数 $(x^2+0.001^2)^\alpha$。

亮度恒常约束具有明显的缺点，非常容易受到亮度变化的影响。为了解决这个问题，在许多传统的光流估计方法中采用了梯度恒常约束，如式(5-6)所示

$$\nabla I(x,y,t) = \nabla I(x+u,y+v,t+1) \tag{5-6}$$

其中，$\nabla=(\partial_x,\partial_y)^{\mathrm{T}}$ 表示空间梯度算子。

基于梯度恒常约束的损失函数定义为式(5-7)所示的形式

$$L_g = \sum_{x}^{N} \psi_D \{|\nabla I_2[\boldsymbol{x}+w(\boldsymbol{x})] - \nabla I_1(\boldsymbol{x})|\} \tag{5-7}$$

2. 平滑项

平滑约束利用空间邻域约束优化运动场，使得光流求解正则化。较早期的平滑约束是全局平滑，如式(5-8)所示

$$E_{\mathrm{smooth}}(u,v) = \min\left[\left(\frac{\partial u}{\partial x}\right)^2 + \left(\frac{\partial u}{\partial y}\right)^2 + \left(\frac{\partial v}{\partial x}\right)^2 + \left(\frac{\partial v}{\partial y}\right)^2\right] \tag{5-8}$$

其中，$\dfrac{\partial u}{\partial x}$、$\dfrac{\partial u}{\partial y}$、$\dfrac{\partial v}{\partial x}$ 和 $\dfrac{\partial v}{\partial y}$ 分别表示估计所得光流 (u,v) 在水平和垂直方向上的梯度。

对于平滑项损失，其同时采用梯度敏感的指数型非线性图像驱动保边函数与流驱动 TV 全变分函数进行约束，可有效避免对运动边缘的过度平滑，如式(5-9)所示

$$L_s = \psi_s\left(\mathrm{e}^{-\alpha|\nabla I_1|}\frac{\partial u}{\partial x}\right) + \psi_s\left(\mathrm{e}^{-\alpha|\nabla I_1|}\frac{\partial u}{\partial y}\right) + \psi_s\left(\mathrm{e}^{-\alpha|\nabla I_1|}\frac{\partial v}{\partial x}\right) + \psi_s\left(\mathrm{e}^{-\alpha|\nabla I_1|}\frac{\partial v}{\partial y}\right) \tag{5-9}$$

其中，ψ_s 采用 Charbonnier 惩罚函数。式(5-9)分别对光流分量进行求导，结果如式(5-10)和式(5-11)所示

$$\frac{\partial L_s}{\partial u} = \sum_{i=1}^{W}\sum_{j=1}^{H} \frac{\mathrm{e}^{-\alpha|\nabla I_1|}[(u_{i,j}-u_{i+1,j})+(u_{i,j}-u_{i,j+i})]}{\{[(u_{i,j}-u_{i+1,j})+(u_{i,j}-u_{i,j+i})]^2+\varepsilon^2\}^\alpha} \tag{5-10}$$

$$\frac{\partial L_s}{\partial v} = \sum_{i=1}^{W} \sum_{j=1}^{H} \frac{e^{-\alpha |\nabla I_i|} [(v_{i,j} - v_{i+1,j}) + (v_{i,j} - v_{i,j+i})]}{\{[(v_{i,j} - v_{i+1,j}) + (v_{i,j} - v_{i,j+i})]^2 + \varepsilon^2\}^{\alpha}} \tag{5-11}$$

其中，W、H 分别表示图像的宽和高；$u_{i,j}$ 和 $v_{i,j}$ 分别表示点 (i,j) 处水平和垂直方向上的光流。

3. 监督约束项

监督约束项使用端点误差构建，用于在有监督学习情况下度量光流真值与估计值之间的误差，L_{epe} 如式 (5-12) 所示

$$L_{epe} = \sum_{i=1}^{W} \sum_{j=1}^{H} \sqrt{(u_{i,j} - u'_{i,j})^2 + (v_{i,j} - v'_{i,j})^2} \tag{5-12}$$

其中，$u_{i,j}$ 和 $v_{i,j}$ 分别表示点 (i,j) 处水平和垂直方向上的预测光流，$u'_{i,j}$ 和 $v'_{i,j}$ 分别表示点 (i,j) 处水平和垂直方向上的光流真值。

光流学习网络中使用的总损失定义为亮度恒常损失、梯度恒常损失、平滑项损失和监督项 EPE 损失的加权和，以式 (5-13) 表示

$$L_{final} = \lambda_1 L_b + \lambda_2 L_g + \lambda_3 L_s + \lambda_4 L_{epe} \tag{5-13}$$

其中，λ_1、λ_2、λ_3、λ_4 分别表示各项损失函数在训练过程中的权重。

5.4　实验与误差分析

本节利用几个常用光流基准数据集评估所提出的方法的有效性，数据集包括 MPI-Sintel、FlyingChairs、Middlebury、KITTI2012 和 KITTI2015，并将结果与现有传统方法(非学习)和学习方法(有监督与无监督方法)进行比较。

5.4.1　训练与评估数据集

所选用的数据集中，FlyingChairs、Things3D 和 MPI-Sintel 是合成数据集，其中 MPI-Sintel 包含 clean 和 final 两个版本；KITTI 是真实数据集，其有 2012 与 2015 两个版本。表 5.1 直观地给出了所使用数据集的特性。

表 5.1　光流基准数据集概述

数据集	FlyingChairs	MPI-Sintel	KITTI2012	KITTI2015	Things3D
图像对总数	22872	1593	389	400	26066
训练图像对	22232	1041	194	200	4248
测试图像对	640	552	195	200	21818
合成数据集	√	√	×	×	√
稠密光流真值	√	√	×	×	√

FlyingChairs：是将 Flickr 收集的用于光流学习的图像进行仿射变换而生成的合成数据集,该数据集包含 22232 个训练图像对和 640 个具有光流真值的测试图像对。

MPI-Sintel：是一个基于动画电影生成的合成数据集,包含许多大位移运动,最高可达 400 像素。它拥有 1593 个图像对,其中 1041 个图像对用于训练,552 个图像对用于测试,其有 clean 和 final 两个版本。clean 数据集包含真实的光照和反射,而 final 数据集则在光照和反射的基础上添加了其他渲染效果,如运动、散焦模糊和大气效果等。

KITTI 2012：是一个真实场景下的数据集,在行驶的汽车平台上采集包含城市街道的图像,由 194 个训练图像对和 195 个具有稀疏光流真值的测试对组成。

KITTI 2015：是一个真实场景下的数据集,在行驶的汽车平台上创建,包含城市街道的图像,由 200 个训练场景和 200 个测试场景组成。

Things3D：是一个用于训练卷积神经网络来学习视差、光流和场景流的大型数据集,由 26066 帧具有真值的图像组成,包含 2247 个不同的场景,该数据集可用于训练大型卷积神经网络。

5.4.2　训练策略

所设计的光流学习网络使用 Adam 优化进行端到端训练,其中参数 $\beta_1 = 0.9$, $\beta_2 = 0.999$。首先使用 FlyingChairs 数据集来训练网络,将数据集分成用于训练的 22232 对样本(图像对)和用于测试的 640 对样本,总迭代次数为 600k。预训练的学习率从 $\lambda = 1e-4$ 开始,并在第一个 300k 次之后,每经过 100k 次迭代便将学习率降为原来的 1/2,预训练得到的模型命名为 "Ours-600k"。然后进一步使用长迭代过程来训练模型,首先在 FlyingChairs 数据集经过 1200k 次迭代训练网络,学习率从 $\lambda = 1e-4$ 开始,并在第一个 400k 迭代之后每经过 200k 次迭代便将学习率变为原来的 1/2。长迭代预训练后继续在 Things3D 数据集上微调得到的模型,迭代次数为 500k,学习速率从 $\lambda = 1e-5$ 开始,并在第一个 200k 之后每经过 100k 次迭代便将学习率降为原来的 1/2,在 Things3D 上微调的模型命名为 "Ours-1700k"。由于训练数据和测试数据之间存在较大差异,模型对某些测试数据集的适应性会有一定程度的降低。为解决该问题,使用学习率 $\lambda = 1e-6$ 对 MPI-Sintel 训练数据集(clean 和 final)继续进行 8000 次迭代来微调模型 "Ours-600k",微调后的模型命名为 "Ours-ft-600k"。将先验假设添加到 FlowNetS 和 FlowNetC 架构中,其中基于 FlowNetS 改进的模型命名为 "Ours-S",基于 FlowNetC 改进的模型命名为 "Ours-C"。

实验硬件平台为 Intel Xeon E5-1650 CPU、32GB 内存、256GB SSD,并配备 NVIDIA 1080 TI GPU。超参数 λ_{1i}、λ_{2i}、λ_{3i}、λ_{4i} 和 α 在扩张部分不同阶段的设置如表 5.2 所示,其中上标 i 表示层数。

表 5.2　超参数设置

层数	尺度	λ_1^i	λ_2^i	λ_3^i	λ_4^i	α
0	2^{-6}	0.1	0.1	1.0	0.32	0.4
1	2^{-5}	0.3	0.3	1.0	0.08	0.4
2	2^{-4}	0.5	0.5	1.0	0.02	0.45
3	2^{-3}	0.7	0.7	1.0	0.01	0.45
4	2^{-2}	1.0	1.0	1.0	0.005	0.45

5.4.3　实验结果与分析

将所设计的方法与其他方法进行比较，在训练集与测试集上的评估结果见表5.3。在 MPI-Sintel、Middlebury、KITTI2012 和 FlyingChairs 数据集上使用平均端点误差（AEE）作为误差评估标准。在 KITTI2015 数据集上使用"Fl-all"评估标准，它表示光流估计误差超过 3 像素以及与真值误差超过 5%的像素点比例。参与对比的方法中，HS、LDOF、Classic+NL、PCA-Flow 和 EPPM 是非学习方法，FlowNet、CaF-Full-41c、CNN-flow、SPyet、FlowNet2.0 和 RecSpyNet 是监督学习方法，USCNN、UnsupFlowNet、DenseNetFlow 和 DSTFlow 是无监督学习方法。

表 5.3　公共数据集上的实验结果对比

算法	MPI-Sintel clean AEE		MPI-Sintel final AEE		KITTI2012 AEE		KITTI2015 Fl-all	Middlebury AEE	FlyingChairs AEE
	Train	Test	Train	Test	Train	Test	Test	Train	Test
PCA-Flow	—	6.83	—	8.65	—	**6.2**	—	—	—
HS	—	8.74	—	9.61	—	9.0	69.60%	—	—
Classic+NL	—	7.96	—	9.15	—	—	—	—	—
EPPM	—	6.49	—	8.38	—	9.2	—	—	—
LDOF	4.19	7.56	6.28	9.12	13.73	12.4	39.33%	0.45	3.47
UnsupFlowNet	—	—	—	—	11.3	9.9	35.07%	—	5.30
USCNN	—	—	—	8.88	—	—	—	—	—
FlowNet2.0-S	3.79	—	4.93	—	—	—	—	—	—
FlowNet2.0-C	3.04	—	4.29	—	—	—	—	—	—
DenseNetFlow	—	—	—	10.07	—	11.6	—	—	4.73
CaF-Full-41c	6.51	9.42	7.28	10.18	—	—	—	—	3.18
SPyet	4.12	6.69	5.57	8.43	9.12	—	**31.17%**	**0.33**	2.63
CNN-flow	—	—	9.36	10.04	—	—	—	0.45	—
FlowNetS	4.50	7.42	5.45	8.43	8.26	—	51.00%	1.09	2.71
FlowNetC	4.31	7.28	5.87	8.81	9.35	—	—	1.15	2.19
FlowNetS+ft(Sintel)	3.66	6.96	4.44	7.76	—	—	—	0.98	3.04

续表

算法	MPI-Sintel clean AEE		MPI-Sintel final AEE		KITTI2012 AEE		KITTI2015 Fl-all	Middlebury AEE	FlyingChairs AEE
	Train	Test	Train	Test	Train	Test	Test	Train	Test
FlowNetC+ft (Sintel)	3.78	6.85	5.28	8.51	—	—	—	0.93	2.27
DSTFlow	6.93	10.40	7.82	11.11	16.98	—	52.00%	—	5.11
RecSpyNet	—	—	6.69	9.38	10.02	13.7	40.90%	—	2.63
Ours-S-600k	3.92	7.28	5.02	8.19	7.90	9.0	49.74%	1.08	2.43
Ours-S-ft-600k (Sintel)	3.39	6.80	**4.09**	7.62	7.79	8.9	48.97%	1.13	2.95
Ours-C-600k	3.36	7.01	5.13	8.53	8.76	9.5	51.32%	1.10	2.05
Ours-S-1700k	3.47	6.59	4.85	7.78	6.12	7.6	47.95%	1.04	2.29
Ours-C-1700k	**2.91**	**6.44**	4.15	**7.47**	**5.77**	6.8	45.11%	0.99	**2.01**

对于 MPI-Sintel、KITTI2012 和 KITTI2015 数据集，部分计算得到的光流可视化结果如图 5.4～图 5.7 所示。

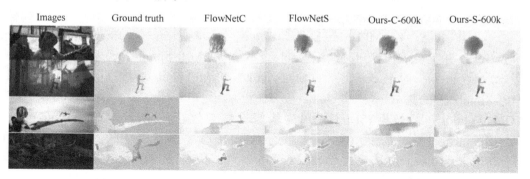

图 5.4　MPI-Sintel 数据集（final 版本）光流估计可视化结果（一）

（a）图像 1　　　　　（b）图像 2　　　　　（c）光流真值　　　　（d）光流（Ours-S-600k）

图 5.5　KITTI2012 数据集光流估计可视化结果

（a）图像 1　　　　　（b）图像 2　　　　　（c）误差图（ours）　　　（d）光流（Ours-S-600k）

图 5.6　KITTI2015 数据集光流估计可视化结果

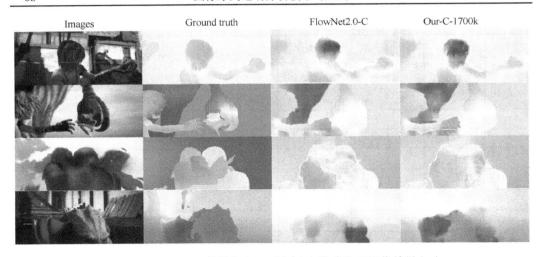

图 5.7　MPI-Sintel 数据集（final 版本）光流估计可视化结果（二）

MPI-Sintel：本节以两种方式评估所设计模型在 MPI-Sintel 上的性能。首先使用 FlyingChairs 数据集直接训练模型，然后在 Things3D 上微调预训练模型，并评估模型在 MPI-Sintel clean 和 final 数据集（训练和测试集）上的表现。从表 5.3 可以发现模型"Ours-S-600k"在 MPI-Sintel 训练和测试数据集（clean 和 final 版本）上优于 FlowNetS，并且在 MPI-Sintel 训练集（clean 版本）和 MPI-Sintel 测试集（clean 和 final 版本）上优于 FlowNetC。模型"Ours-C-600k"在 MPI-Sintel 训练集（clean 版本）和 MPI-Sintel 测试集（clean 和 final 版本）上优于 FlowNetC。"Ours-S-600k"和 "Ours-C-600k"的结果表明了使用先验假设的有效性。模型"Ours-S-600k"在 MPI-Sintel final 数据集和 MPI-Sintel clean（训练集）数据集上优于其他监督方法。对于 MPI-Sintel clean（测试集），"Ours-S-600k"的表现低于 SPyet（AEE 6.69）。与无监督方法 USCNN、DenseNetFlow 和 DSTFlow 相比，"Ours-S-600k"在 MPI-Sintel 测试集（final 版本）上占有优势。在 MPI-Sintel 训练和测试集上，"Ours-S-1700k"和 "Ours-C-1700k"均优于大多数学习方法，且"Ours-C-1700k"在 MPI-Sintel clean 和 final（测试集）上获得了最佳效果。图 5.7 展示了"Ours-C-1700k"与"FlowNet2.0-C" 的可视化对比结果。其次通过在 MPI-Sintel（clean 和 final 版本）数据集上对模型微调来进行评估，所有经过微调的模型在表 5.3 中均以后缀"ft"表示。将微调模型与 "FlowNetS+ft"和"FlowNetC+ft"进行比较，结果显示"Ours-S-ft-600k"优于 "FlowNetS+ft"和"FlowNetC+ft"。图 5.4 显示了模型"Ours-S-600k"和"Ours-C-600k" 与 FlowNetS 和 FlowNetC 的光流估计结果，由于添加了亮度恒常、梯度恒常以及运动平滑约束，本章方法的结果更加细致且具有较好的一致性。

KITTI 和 Middlebury：利用 Flying Chairs 训练基本模型，并在 KITTI 数据集（2012

和 2015) 上进行评估。在 KITTI2012 上，模型"Ours-S-600k"在训练和测试方面均优于学习方法，而传统方法 HS 和 EPPM 得到的结果接近本章方法的结果。与 PCA-Flow 方法相比，"Ours-S-600k"在测试集上获得了更高的 AEE，然而"Ours-C-1700k"的结果接近 PCA-Flow。在 KITTI2012 测试集上，"Ours-C-1700k"在表 5.3 中获得了最佳结果 (AEE 5.77)。在 KITTI2012 和 KITTI2015 数据集上测试"Ours-S-ft-600k (Sintel)"，实验结果表明，在 MPI-Sintel 数据集上微调后的模型准确性略有提高。模型在 KITTI2012 训练数据集上的光流估计示例如图 5.5 所示。在 KITTI2015 上，LDOF、SPynet 和 UnsupFlowNet 的表现优于 FlowNet 和本章方法，模型在 KITTI2015 上的光流估计示例如图 5.6 所示。针对 Middlebury 数据集，本章方法的 AEE 高于 LDOF、CNN-flow 和 SPyet，KITTI 和 Middlebury 数据集的结果表明，由于模型是在 FlyingChirs 和 Things3D 等合成数据上训练的，该模型对于 KITTI 和 Middlebury 等真实场景数据集不具有足够的适应性，需要进行针对性微调。

FlyingChairs：将 FlyingChairs 数据集分成训练集 (22232 个图像对) 和测试集 (640 个图像对)。在测试集上，"Ours-S-600k"的结果优于 FlowNetS，但比 FlowNetC 差，"Ours-C-1700k"的结果则全面优于 FlowNet。

综上，"Ours-S-600k"在 MPI-Sintel、KITTI、Middlebury 和 FlyingChairs 数据集上优于 FlowNetS，并在 KITTI2012 训练集上获得最佳结果，"Ours-C-1700k"则在 MPI-Sintel 训练和测试集上获得了最佳结果。实验结果表明，在光流学习网络中增加先验约束可有效提高光流估计的准确性，同时可提升所得光流场的细致性和平滑一致性。

5.4.4　消融分析

为了分析所设计网络中每个先验假设对光流估计精度的影响，对本章模型"Ours-S-600k"中添加的不同假设进行消融分析。

表 5.4 显示了本章方法中不同约束项在 MPI-Sintel 训练数据集上对 AEE 的影响，表中前两行表明在基础网络中添加亮度恒常约束后的效果，该模型将 MPI-Sintel clean 版本上测试结果由 4.50 降到 4.37，在 MPI-Sintel final 版上的测试结果由 5.45 降到 5.23。梯度恒常约束也具有一定的改进效果，由第二行和第三行可见，MPI-Sintel clean 版本的测试结果从 4.37 下降到 4.33，final 版本的结果从 5.23 下降到 5.21。第三行和第四行显示的是添加了运动平滑约束后的效果，其进一步降低了模型在 MPI-Sintel (clean 和 final 版本) 数据集上的误差。最后一行显示的是所有约束共同作用的结果，其获得了最佳结果，图 5.8 显示了在 MPI-Sintel final 数据集测试的不同先验假设的可视化结果。

表 5.4 消融分析

端点误差	亮度恒常假设	梯度恒常假设	平滑假设	MPI-Sintel clean 训练集	MPI-Sintel final 训练集
√				4.50	5.45
√	√			4.37	5.23
√	√	√		4.33	5.21
√	√		√	3.95	5.06
√	√	√	√	**3.92**	**5.02**

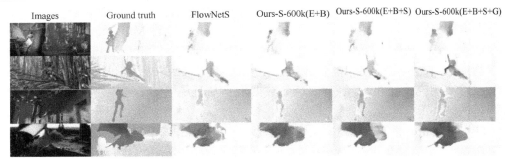

图 5.8 MPI-Sintel 数据集(final 版本)施加不同先验假设的可视化结果

5.4.5 光流计算时间分析

运行时间是衡量光流估计模型的重要指标之一，表 5.5 显示了本章所设计模型与其他对比方法的实验运行时间，需要注意的是不同算法是在不同的 GPU 上进行测试的。部分经典算法给出了使用 CPU 的测试时间，而所有基于学习的方法都只在 GPU 上测试。

表 5.5 算法测试环境及运行时间对比

算法	CPU/ms	GPU/ms	MPI-Sintel final
EPPM (NVIDIA GTX 780 GPU)	—	200	8.38
PCA-Flow (NVIDIA Titan X GPU)	—	190	8.65
LDOF (Intel Core 2.66GHz CPU, NVIDIA GTX Titan CPU)	65000	2500	9.12
Classic+NL (Intel Core 3.0GHz CPU)	960000	—	9.15
FlowNetS (NVIDIA GTX Titan GPU)	—	80	8.43
FlowNetC (NVIDIA GTX Titan GPU)	—	150	8.81
DenseNetflow (NVIDIA Titan X GPU)	—	130	10.07
SpyNet (NVIDIA K80 GPU)	—	70	8.43
DSTFlow (NVIDIA GTX Titan GPU)	—	80	11.11
RecSpyNet (NVIDIA Titan X GPU)	—	70	9.38
EPPM (NVIDIA 1080 Ti GPU)	—	164	8.38

续表

算法	CPU/ms	GPU/ms	MPI-Sintel final
PCA-Flow（NVIDIA 1080 Ti GPU）	—	207	8.65
FlowNetS（NVIDIA 1080 Ti GPU）	—	71	8.43
FlowNetC（NVIDIA 1080 Ti GPU）	—	125	8.81
Ours-S-600k（NVIDIA 1080 Ti GPU）	—	71	8.19
Ours-C-600k（NVIDIA 1080 Ti GPU）	—	125	8.53

　　由表 5.5 可见，本章所设计的模型可在不增加运行时间的情况下提高估计精度，同时具有比传统方法更快的速度。

<h1 align="center">本 章 小 结</h1>

　　本章提出了一种基于多先验假设的光流学习网络，将传统光流方法中已经过充分验证的先验假设引入光流学习网络，以端到端的方式有监督地学习光流。实验结果表明，在训练阶段加入先验假设可有效提升光流估计的准确性，获得稠密性与一致性更好的光流场，在公用数据集下测试的实验结果证明了所设计模型的有效性。

第 6 章　基于光流的立体视差计算

6.1　引　　言

在计算机视觉领域中，立体视差计算是一个基础研究问题和热点问题，是恢复
3D 空间点深度的重要手段，也是计算机视觉由 2D 到 3D 的桥梁，视差计算基于立
体视觉匹配技术进行。早期的立体视觉匹配算法基于特征对应，即使用特征算子或
边缘检测器提取潜在匹配位置集合并进行对应，该类方法得到的视差图是稀疏的。
随着计算能力的提高，稠密视差计算逐渐成为研究热点，本章将光流计算技术引入
立体视觉匹配，给出一种基于光流与分割的立体视差计算方法，并在此基础上进一
步讨论其在 2D 到 3D 视频转换中的应用。

6.2　极线几何与极线校正

极线几何反映的是立体视觉系统拍摄的同一场景的两幅图像之间的投影几何关
系，如图 6.1 所示。

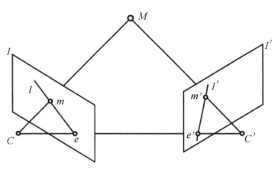

图 6.1　极线几何

图 6.1 中，C 和 C' 分别是双目立体视觉系统两个摄像机的光心，直线 CC' 称为
基线。I 和 I' 分别是两个摄像机的投影平面。M 为任意三维空间点，其在两个投影
平面上的投影分别为 m 和 m'，称为对应点。M 与基线共面，称为极平面，极平面
与两个投影平面 I 和 I' 的交线 l 和 l' 称为极线。由图 6.1 可见，对于空间任意一点，

如其投影落在投影平面 I 中的极线 l 上，则其在另一个投影平面 I' 上的投影点一定落在极线 l' 上，反之亦然。这种对应关系大大简化了求取立体对应的算法复杂度，使匹配搜索空间从二维降低为一维。

虽然由极线的对应关系可缩小匹配搜索范围，但在双摄像机一般配置情况下，在另一幅图像中计算对应极线是一项较困难的工作，如能将双摄像机光轴调整为平行配置，则可简化问题，此过程可通过对左右视图进行极线校正实现，即令两幅图像中的对应极线以像素为单位对齐，此时只需在图像中对应行查找对应点即可实现立体视觉匹配。

6.3　立体视觉匹配中视差与深度的关系

立体视觉模仿人的双目，其目的是通过对双目中左右图像的匹配，进而恢复图像中特定点的三维深度信息。人的双眼在观察三维空间物体时，同一空间点在双眼视网膜上的成像位置并不相同，当交替眨眼时可发现物体在眼前跳动，这是由视差引起的，即左右视网膜上的成像位置差。双目立体视觉系统与此原理相同，左右两个图像平面上的差也称为视差。在任意配置的双目摄像机情况下，视差存在于水平和垂直方向上，而在经过极线校正的情况下，视差仅存在于水平方向，垂直方向视差为 0。

在双摄像机光轴平行设置的情况下，设三维空间点的坐标为 $P=(X,Y,Z)$，其在左右图像平面上的坐标分别为 $P_1=(x_1,y_1,f)$ 和 $P_2=(x_2,y_2,f)$，f 为摄像机焦距，这里假设两个摄像机具有相同的内参数，则根据相似三角形的性质，可有如下表示

$$x_1 = -f\frac{X}{Z}$$
$$x_2 = -f\frac{X+B}{Z} \tag{6-1}$$

其中，B 为两个摄像机的基线长度，于是点 P 的深度 Z 可表示为

$$Z = \frac{fB}{x_1-x_2} = \frac{fB}{d} \tag{6-2}$$

其中，d 为双目视差，可见视差与深度满足倒数关系，即深度越大，视差越小，深度越小，视差越大，这与人类近大远小的视觉经验是一致的。由此可见，在求取立体视觉深度图的过程中，只要得到极线校正后的图像对之间的视差图，即可根据式 (6-2) 求出深度图，因此求取深度图等价于求取视差图，本章将只讨论极线校正后图像对间稠密视差图的计算。

6.4　融合光流与分割的立体视差计算

在经典的立体视差计算中，块匹配作为求取对应的手段被大量使用，基于此的一个自然扩展是将高精度光流计算方法引入视差计算。光流计算解决的问题相对于立体视差问题更加复杂，得到的结果相对于块匹配更加精确，因此将光流计算技术引入立体视差计算领域有助于提高立体匹配精度。另外，分割作为一种区分不同场景物体的技术手段也逐渐引起人们重视，尤其是以 Meanshift 为代表的分割方法取得了较好的效果，将其引入视差计算对物体遮挡边界进行约束在一定程度上有助于缓解在深度不连续处视差计算误差大的问题。本节将重点介绍融合光流与分割的立体视差计算方案。

6.4.1　算法框架

融合光流与分割的立体视觉匹配方案如图 6.2 所示。

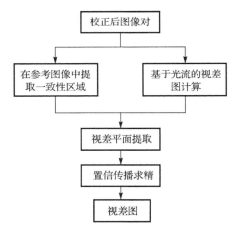

图 6.2　融合光流与分割的立体视差计算框架

图 6.2 中，算法首先对输入的经过极线校正的图像对进行一致性区域提取，即所谓的分割，该步骤针对参考图像进行。同时对输入的图像对进行光流计算，这里的光流算法选用第 4 章所设计的多约束光流算法以得到高精度的稠密视差图。由于光流计算存在误差，将其与图像分割所得到的一致性区域进行融合，得到初始视差平面，最后利用置信度传播方法进行求精，从而得到最终的视差图。

由该方案看到，图像分割的作用是利用图像自身结构增强深度不连续处的视差计算精度，因此该算法对具有平面规则结构的场景具有较好的效果。

6.4.2 基于彩色分割的一致性区域提取

彩色分割方法能够较好地提取不同种类物体的边界，因此在双目立体视差计算中得到了广泛应用。基于分割的视差计算方法假设在深度空间中场景由不重叠的一组平面组成，不同的平面内部具有一致性，且深度不连续仅发生在物体边界处，满足以上假设即可使用图像分割方法来增强立体匹配的边界效果。

在彩色图像分割中，各颜色值可看作图像点的量化特征，每一个彩色像素是特征空间中的一个特征点，同类物体具有相似的颜色，因此在特征空间中较为聚集，利用该特性可进行基于密度函数的分割。Meanshift 算法由于可避免概率密度函数估计且具有良好的分割效果而被应用于基于分割的视差计算方法中，算法的基本原理可用图 6.3 表示。

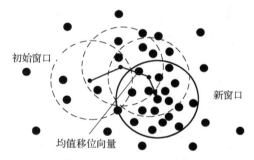

图 6.3 Meanshift 基本原理

由图 6.3 可见，Meanshift 算法首先随机选择初始兴趣区域，即初始窗口（Initial Window），并在初始窗口中计算彩色空间点的均值，然后将窗口中心移动到均值位置，确定窗口变化的向量是均值移位向量（Mean Shift Vector）。在下一次的均值移位过程中，计算新的均值移位向量并以此移动窗口，此过程循环往复直至运算收敛，窗口不再移动，此时得到的窗口位置即为图像概率密度函数的局部极大值位置，对应着图像中某一物体或背景的聚类中心，以此为依据即可完成对复杂图像的分割。

Meanshift 算法是基于核密度估计与梯度下降法的非参数迭代算法，典型的核函数包括正态核 $K_N(x)$ 与 Epanechnikov 核 $K_E(x)$。正态核定义为

$$K_N(x) = c \exp\left(-\frac{1}{2}\|x\|^2\right) \tag{6-3}$$

核轮廓 $k_N(x)$ 为

$$k_N(x) = \exp\left(-\frac{1}{2}x\right), \quad x \geq 0 \tag{6-4}$$

Epanechnikov 核 $K_E(x)$ 定义为

$$K_E(x) = \begin{cases} c(1 - \|x\|^2), & \|x\| \leqslant 1 \\ 0, & \text{其他} \end{cases} \tag{6-5}$$

核轮廓 $k_E(x)$ 为

$$k_E(x) = \begin{cases} 1 - x, & 0 \leqslant x \leqslant 1 \\ 0, & x > 1 \end{cases} \tag{6-6}$$

其在边界处不可微。

设在 d 维空间中有 n 个点 x_i，点 x 处的多元密度函数估计为

$$\hat{f}_{h,k}(x) = \frac{1}{nh^d} \sum_{i=1}^{n} K\left(\frac{x - x_i}{h}\right) \tag{6-7}$$

其中，h 是核大小，也称为带宽（Bandwidth）。

由 Meanshift 原理可知，实际计算中关心的是多元密度函数梯度为 0 的位置，即 $\nabla \hat{f}_{h,k}(x) = 0$，这避免了对多元密度函数的估计，问题转化为对式（6-8）的计算

$$\nabla \hat{f}_{h,k}(x) = \frac{2c_k}{nh^{(d+2)}} \sum_{i=1}^{n} (x - x_i) k'\left(\left\|\frac{x - x_i}{h}\right\|^2\right) = \frac{2c_k}{nh^{(d+2)}} \sum_{i=1}^{n} (x - x_i) g\left(\left\|\frac{x - x_i}{h}\right\|^2\right)$$

$$= \frac{2c_k}{nh^{(d+2)}} \left(\sum_{i=1}^{n} g_i\right)\left(\frac{\sum_{i=1}^{n} x_i g_i}{\sum_{i=1}^{n} g_i} - x\right) \tag{6-8}$$

其中，$g(x) = -k'(x)$；c_k 为规范化常数；$\sum_{i=1}^{n} g_i$ 为正，$g_i = g(\|(x - x_i)/h\|^2)$。式（6-8）中第 2 项即为均值移位向量，最终第 $j+1$ 步迭代的均值位置为

$$y_{j+1} = \frac{\sum_{i=1}^{n} x_i g\left(\left\|\frac{y_j - x_i}{h}\right\|^2\right)}{\sum_{i=1}^{n} g\left(\left\|\frac{y_j - x_i}{h}\right\|^2\right)} \tag{6-9}$$

迭代收敛后即得到所求结果。

在实际计算中，分割结果通常通过在颜色与位置的联合域（Joint Domain）上进行聚类得到。在 Meanshift 算法中，图像的空间坐标构成的域称为空间域（Spatial Domain），颜色值域称为值域（Range Domain），在彩色图像采用 3 通道的情况下，均值移位在 5 维空间上进行。因为位置和颜色可能有不同的尺度，核也需要进行相应的调整，所以可定义联合核为

$$K_{h_s,h_r}(x) = \frac{c}{h_s^d h_r^p} k\left(\left\|\frac{x^s}{h_s}\right\|^2\right) k\left(\left\|\frac{x^r}{h_r}\right\|^2\right) \tag{6-10}$$

其中，p 为图像值域维数，彩色图像时 $p=3$；d 为空域维数，通常 $d=2$；h_s 与 h_r 分别控制空间与值域的带宽，应用中还可以使用一个最小区域参数 M，当某一区域包含像素个数少于 M 时，该区域即被去除。图 6.4 展示了一个 Meanshift 彩色分割的例子，参数设置为 $h_s = 4, h_r = 4, M = 20$。

(a)原始图像　　　　　　　　　　　　　　　(b)彩色分割结果

图 6.4　Meanshift 彩色分割

6.4.3　视差平面提取

视差平面提取利用平面拟合方式对得到的各分块内初始视差进行修正，以使得到的视差图更加光滑。本节的平面建模如式(6-11)所示

$$d(x,y) = c_1 x + c_2 y + c_3 \tag{6-11}$$

其中，$d(x,y)$ 表示平面视差。处理该平面拟合问题常用的方法为最小二乘法，然而最小二乘法对集外点较为敏感，RANSAC 方法可得到鲁棒的拟合结果，但计算量较大，实际应用中可根据需要选择拟合算法。

6.4.4　置信传播

置信传播(Belief Propagation, BP)是本章立体视差计算的最后一个步骤，其作用是对平面拟合后的结果进行求精。置信传播是一种基于贝叶斯网络或马尔可夫场的推断方法，求解过程类似于能量函数极小化，通过消息传递来求能量函数最优解，以迭代方式实现。迭代中每一像素不断向邻域像素发送或接收消息，并根据邻域像素信息更新自身状态，如图 6.5 所示。

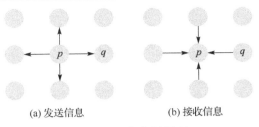

(a) 发送信息　　　　　　　　　(b) 接收信息

图 6.5　置信传播原理

置信传播主要分为消息更新和置信度计算两个主要步骤，令 $m_{p \to q}^t(d)$ 为 t 次迭代时从点 p 到点 q 的消息，则迭代中消息的更新可表示为

$$m_{p \to q}^t(d) = \min_{d'}\left[s(d,d') + m(p,d') + \sum_{s \in N(p) \backslash q} m_{s \to p}^{t-1}(d') \right] \tag{6-12}$$

其中，$N(p) \backslash q$ 表示 p 不包含 q 的邻域；$s(d,d')$ 表示 p 与 q 视差平滑一致性的函数，即能量泛函中的平滑项；$m(p,d')$ 为数据项，度量像素差异；最后一项表示视差 d' 在上一次迭代中的消息，初始化时消息可被置为 0。经过若干步迭代后，每一像素的最终视差通过对式(6-13)进行极小化求得

$$d^* = \arg\min_{d'}\left[m(p,d') + \sum_{s \in N(p)} m_{s \to p}^{\mathrm{T}}(d') \right] \tag{6-13}$$

6.4.5　实验分析

实验所选用的立体图像对来自网站 http://vision.middlebury.edu/stereo，此处选用 Tsukuba、Venus、Teddy 和 Cones 四个图像对，标准图和真实视差图如图 6.6 所示。

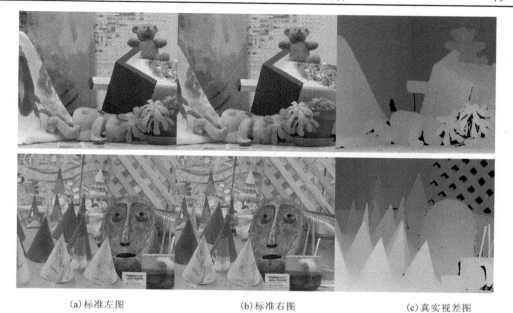

(a)标准左图　　　　　　　(b)标准右图　　　　　　　(c)真实视差图

图 6.6　标准图与真实视差图

实验中 Meanshift 分割部分 4 组图像对采用的参数 (h_s, h_r, M) 分别为 Tsukuba$(4,4,20)$、Venus$(2,2,15)$、Teddy$(8,8,30)$、Cones$(8,8,30)$，视差结果如图 6.7 所示。

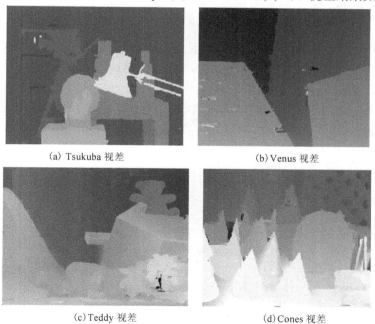

(a) Tsukuba 视差　　　　　　　　　　(b) Venus 视差

(c) Teddy 视差　　　　　　　　　　(d) Cones 视差

图 6.7　融合分割与光流的立体视差计算结果

本章算法在初始视差估计部分使用稠密光流，能够提供更为精确的视差初值，从而对最终结果产生影响。Tsukuba 图像对中，算法在细节方面较为突出，尤其是在摄像机三脚架位置，细节清晰可辨；针对 Venus 图像对，能够得到清晰的视差边界；Teddy 图像对中，本章算法正确反映了场景视差细节；Cones 图像对中，算法在背景栅栏处细节表现较好。因此，本章算法在各种复杂场景下展现出了较好的性能，具有一定通用性。

6.5　基于光流的 2D 到 3D 视频转换

随着 3D 视频应用的普及，2D 到 3D 视频转换成为近年来的研究热点。由 2D 视频转换为 3D 视频有很多种方法，运动是其中最重要的一种。在立体视觉系统中，视差由同一时刻左右视角两台摄像机同时拍摄的图像对进行计算，进而恢复场景深度。而在 2D 到 3D 视频转换应用中，2D 视频仅由一台摄像机拍摄，因此需要利用摄像机运动或视频中的场景运动来恢复深度信息，将摄像机在相邻时刻不同位置拍摄的图像看作立体视觉中的左右视角图像，采用类似视差计算的方案恢复场景深度，进而生成 3D 视频。本节给出一种基于光流与分割的 2D 到 3D 视频转换方案。

多数视频均以压缩格式保存，因此本节还将讨论利用压缩视频解压缩所得的运动向量初始化光流计算的方法，实验部分将结合本书第 4 章给出的光流方法进行验证。

6.5.1　面向压缩视频的光流计算

3D 视频的获取主要有两种手段，一种是直接以立体摄像机拍摄，这种方式成本高，且现存的片源较少。另一种是以现有大量的压缩视频为素材进行 3D 转换，这种方式可有效利用现存大量优秀视频源，成本低廉。目前压缩视频主要以 MPEG2、MPEG4、H.264 等格式存储，这些格式在编码时均需要用到块匹配技术，块匹配可看作一种稀疏光流，视频在解压时仍需提取这些运动向量来恢复中间帧，因此这些运动向量可作为光流迭代的一个较好的初始值，以此来加快光流迭代收敛，并可能得到更精确的结果。由于解压是以视频速度进行，对提高光流计算速度大有帮助。

1.　算法框架

利用压缩视频解压的运动矢量作为初值的光流估计方法主要分为运动提取、运动矢量的上/下采样及光流计算 3 大步骤，如图 6.8 所示。

图 6.8　面向压缩视频的光流计算框架

图 6.8 中运动提取步骤由视频解码器完成，需要满足实时播放的需求，因此解码速度通常为 25 帧/秒或 30 帧/秒的。运动向量的高速提取为光流快速计算提供了保证。

上/下采样模块完成对不同分辨率或不同稀疏程度的运动向量进行转换。由解码器提取的运动向量是基于图像块的，因此可看作稀疏光流，而块匹配的基本假设是块中所有像素具有相同的运动向量，因此可根据该假设通过上采样恢复稠密的初始光流场。目前几乎所有的光流算法均是基于多分辨率图像金字塔进行计算的，而得到的初始运动矢量是位于最高分辨率层的，将初始值用于最高分辨率层未必是最佳选择，因此可考虑将初始稠密光流场下采样，作为某一分辨率层的初始值进入迭代循环，实验部分给出将初值用在不同层时的精度分析。

光流计算模块利用得到的初值完成光流计算，变分偏微分光流计算的本质是能量泛函的极小化问题，因此如提供较好的初值，可有效降低迭代计算量，并避免在非线性优化时陷入局部极小位置。

2. 实验分析

实验用测试图像序列 Grove2（640×480）、Urban2（640×480）和 Urban3（640×480）来自 Middlebury 网站。标准图和真实光流结果如图 6.9 所示。

(a) Grove2

(b) Grove2 ground truth

(c) Urban2

(d) Urban2 ground truth

(e) Urban3　　　　　　　　　　　　　　　(f) Urban3 ground truth

图 6.9　标准图与真实光流场

实验中,将分别比较 3 组图像对在不同金字塔层数上的带初值与不带初值结果,以测试初值对图像金字塔分层数的影响,实验用初值通过 MPEG4 压缩原图像序列并解压得到。本节的光流计算方法中金字塔分层可达几十层,在实验中分别设定为 6、9、14、20、30 层并计算误差,误差分析选用平均角误差 AAE 及端点误差 EPE,结果如表 6.1 所示。

由表 6.1～表 6.3、图 6.10～图 6.12 可以看出,针对 Grove2、Urban2 及 Urban3 3 个图像序列,其光流计算误差是随着图像金字塔层数的增加而降低的,这充分表明金字塔分层技术能够有效解决大位移问题。同时,通过设定金字塔层数为 6、9、14、20、30 等值,考察其 AAE 及 EPE,针对每一特定分层数,有初值的光流场误差均低于不使用初值得到的光流场误差,说明使用高质量的初值有助于提高光流计算精度。最后,观察误差曲线可见,不使用初值的算法计算误差随着金字塔层数增加而快速降低,使用初值的算法误差曲线则变化较为平缓,甚至接近直线,说明有初值时即使仅使用有限的几层金字塔,也可以得到与使用 30 层金字塔精度近似甚至更好的结果,充分证明初值的使用对于减小计算量的巨大贡献。

表 6.1　Grove2 序列算法误差表

金字塔层数	AAE(有初值)	AAE(无初值)	EPE(有初值)	EPE(无初值)
6	3.51	6.84	0.25	1.01
9	3.26	6.29	0.23	0.85
14	3.17	4.72	0.22	0.55
20	3.11	3.74	0.22	0.42
30	3.03	3.25	0.21	0.29

表 6.2　Urban2 序列算法误差表

层数	AAE(有初值)	AAE(无初值)	EPE(有初值)	EPE(无初值)
6	4.70	11.58	0.94	4.99
9	4.66	9.50	0.95	3.80
14	4.44	8.04	0.94	2.58
20	4.35	7.14	0.94	2.09
30	4.21	5.96	0.93	1.60

表 6.3　Urban3 序列算法误差表

层数	AAE(有初值)	AAE(无初值)	EPE(有初值)	EPE(无初值)
6	14.58	20.18	1.57	3.82
9	14.08	17.58	1.54	3.18
14	13.92	16.02	1.50	2.52
20	13.83	14.87	1.45	2.16
30	13.65	13.98	1.37	1.83

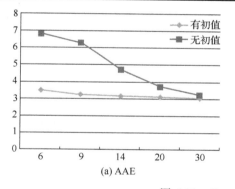
(a) AAE

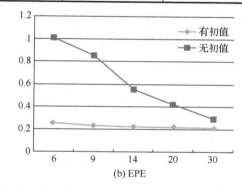
(b) EPE

图 6.10　Grove2 序列误差曲线图

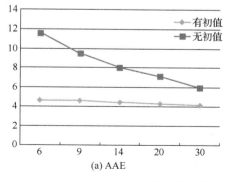
(a) AAE

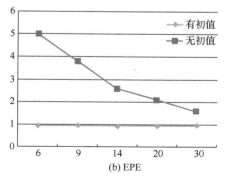
(b) EPE

图 6.11　Urban2 序列误差曲线图

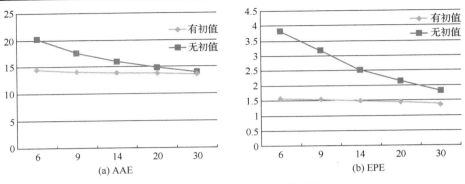

(a) AAE　　　　　　　　　　(b) EPE

图 6.12　Urban3 序列误差曲线图

6.5.2　基于光流与分割的 2D 到 3D 视频转换

运动是利用单摄像机恢复 3D 深度信息的重要线索，在计算机视觉中，此类方法称为"运动立体视觉"。运动立体视觉基于人们日常生活中的一个常识，当摄像机缓慢移动时，场景中距离较近的物体位移较大，而距离较远的物体位移较小，结合运动估计技术，利用简单几何关系就可以恢复 3D 信息。本节将讨论利用光流与分割技术得到深度图，并利用深度图进行 2D 到 3D 视频转换。

1.　算法框架

在图 6.13 的算法框架中，光流计算模块完成运动信息的提取，在同时具备水平和垂直位移的情况下，以运动幅度作为深度计算的依据。对参考图像的分割与平面拟合仍然使用 6.4 节所介绍的方法。由于在视差与深度的转换过程中需要用到摄像机焦距等参数，在不知道具体参数的情况下，可将焦距设为 1，这不会改变场景的相对深度关系。

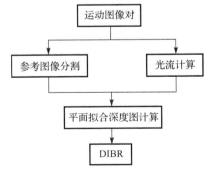

图 6.13　基于光流与分割的 2D 到 3D 视频转换算法框架

基于深度的图像绘制（Depth-Image-Based Rendering, DIBR）模块可将与深度图

对应的 2D 图像映射至不同视角,其首先将 2D 图像中的像素利用深度值映射至三维空间,然后根据要求映射像素点至不同视角,本节将利用 Fehn 的 DIBR 方法映射像素至左右眼视频通道,完成立体显示。

2. 实验分析

实验使用 Grove2(640×480)、Urban2(640×480)、Urban3(640×480)、Flowers(352×288)、Horse(480×270)、Imperial Palace(1280×720)、Yoki(640×480)等 7 个图像序列。原图及通过本节方案求取到的深度图如图 6.14 所示。

(a) Grove2　　　　　　　　　　　　　(b) Grove2 深度图

(c) Urban2　　　　　　　　　　　　　(d) Urban2 深度图

(e) Urban3　　　　　　　　　　　　　(f) Urban3 深度图

(g) Flowers　　　　　　　　　　　(h) Flowers 深度图

(i) Horse　　　　　　　　　　　(j) Horse 深度图

(k) Imperial Palace　　　　　　　(l) Imperial Palace 深度图

(m) Yoki　　　　　　　　　　　(n) Yoki 深度图

图 6.14　原图像与深度图

图 6.14 给出了原始测试图像及对应的深度图，距离较近的目标亮度较大，距离较远的场景相对较暗。为考察分割及平面拟合算法对光流初始结果的增强效果，图 6.15 给出了由光流得到的深度及经平面拟合后的深度图效果。为突出细节，截取了图像中位移较大的部分。其中左列为未经平面拟合的结果，右列是平面拟合后的结果。由图可见光流算法得到的初始深度图物体边缘较为模糊，这是光流算法针对复杂场景细节适应性不佳造成的，平面拟合后由于加入了分割得到的参考图像边界信息，从而使深度不连续得到了较好的保持。最后，经过 DIBR 后得到的最终红蓝立体图如图 6.16 所示。

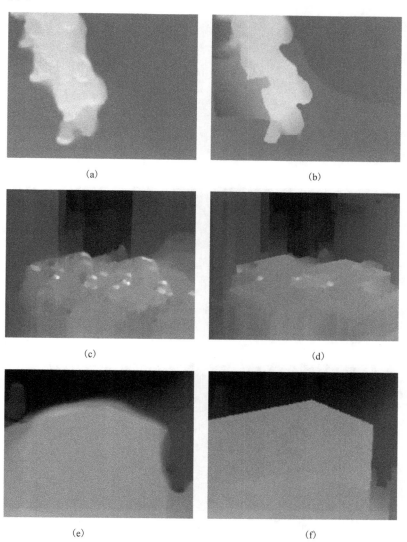

(a)　　　　　　　　　　　　　　　(b)

(c)　　　　　　　　　　　　　　　(d)

(e)　　　　　　　　　　　　　　　(f)

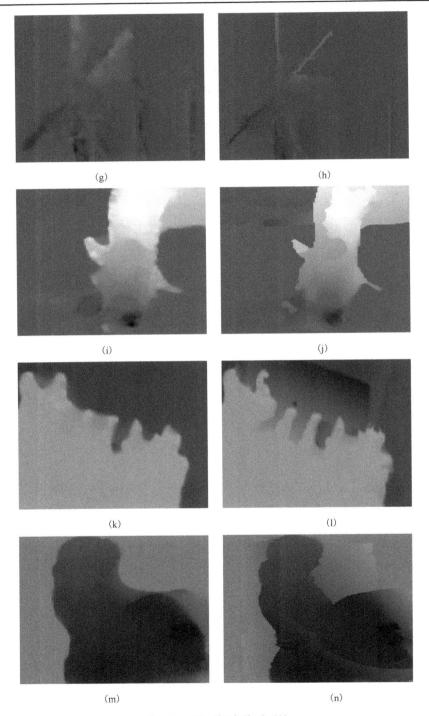

(g)　　　　　　　　　　　　　　　　(h)

(i)　　　　　　　　　　　　　　　　(j)

(k)　　　　　　　　　　　　　　　　(l)

(m)　　　　　　　　　　　　　　　　(n)

图 6.15　平面拟合前后对比

(a)

图 6.16　红蓝立体图像

　　图 6.16 所示的立体图像为 DIBR 后的结果，为红蓝格式，需要佩戴红蓝立体眼镜才能够看出立体效果。实验选用的图像分为两种类型，一种为场景整体运动，即摄像机移动，场景中无其他运动物体，如 Grove2、Urban2、Urban3、Flowers、Imperial Palace 等；另一种为场景静止，前景目标移动，如 Horse 和 Yoki。通过佩戴红蓝立体眼镜观看，第一类场景的立体效果较好，尤其是 Imperial Palace 中距离摄像机较近的屋檐立体效果最为明显，而第二类场景背景静止，因此背景部分无立体效果，而前景部分立体效果则取决于运动位移的大小及运动估计的精度，因此整体立体效果不如第一类场景明显，这也说明本章所给出的 2D 转 3D 方案较适合于图像整体运动且深度层次感较强的场景。总体来说，本章所给出的方案是行之有效的。

本 章 小 结

　　本章首先给出了一种融合光流与分割的立体视差计算方法，使用稠密光流算法求得视差初始值，然后使用平面拟合与置信传播技术进行求精，以保证在同一深度平面内视差平滑一致，深度不连续处边缘锐利。实验结果表明，本章算法在细节表现方面较为优异，具有一定通用性。

　　在此基础上，继续讨论了基于光流与分割的视差计算技术在 2D 到 3D 视频转换领域中的应用。首先利用光流计算方法求解运动并转换为视差图，其次利用 DIBR 方法渲染得到双目立体视频。最后通过实际的红蓝立体格式视频测试表明，本章给出的方案较适用于图像整体移动且深度层次感较强的场景，是一种行之有效的方法。

第 7 章　基于立体视觉的变分场景流计算方法

7.1　引　　言

场景流的概念最早是由卡内基·梅隆大学的 Vedula 等学者在 1999 年首次提出的，它是一种三维的运动矢量场，用来描述物体在三维空间中的运动状态。光流是三维动态场景在二维平面上的投影，表现为二维图像序列，其丢失了深度信息，不利于之后的分析，而场景流可以提供更为丰富的底层信息。

由于场景流可以看作二维光流在三维空间中的扩展，其求解与光流求解具有很大的相似性，在没有平滑或者正则化的情况下，由于存在病态问题不能直接求解，需要附加多种假设约束。变分求极值的方法由于能实现多种假设的相互融合而被认为是流场估计的有效方法。利用变分法求解场景流需要构建能量泛函并极小化。首先构造积分形式的能量泛函，该能量函数通常由数据项、平滑项组成。数据项信息来自于图像序列，表示场景流估计的数据约束，平滑项用来约束场景流，使求解正则化，约束解空间。

场景流估计大体上可以分为两大类：一是基于立体图像序列的场景流估计，即图像由双目或者多目摄像系统采集，这些摄像机光轴可以采用平行设置，也可以采用汇聚式设置；二是利用 RGBD 传感器直接获取深度图，将其与可见光图像对齐后进行场景流估计。场景流在计算机视觉中具有巨大的潜在应用价值，本章讨论基于被动立体成像方式的场景流计算技术，通过改进变分场景流算法中的平滑项，提高场景流的估计精度。

7.2　双目立体视觉系统

人类通过双眼观察能分辨出三维空间中目标的大小与相对深度。立体视觉与人类视觉较为相似，通过模拟人类视觉原理，使用计算机通过二维左右视图被动感知空间场景结构。具体原理为同时获取左右视角图像，根据图像间同一目标的对应像素匹配关系，结合摄像机基线距离，通过三角关系计算获取物体的三维信息。立体视觉系统在使用前通常需要进行多相机标定，以进行极线校正，简化后续视差计算。本节简要介绍双目立体视觉系统的投影模型。

在基于立体视觉的场景流计算中，采集到的左右视图要进行行对齐。为表示左右视图中像素点的几何关系，需使用图像坐标系、摄像机坐标系和世界坐标系，成像关系如图 7.1 所示。

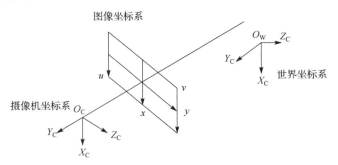

图 7.1　摄像机成像模型

　　图像坐标系是用来描述二维图像的直角坐标系，按照单位量纲不同，分为以像素为单位的图像像素坐标系 (u,v)，另一种是以物理坐标度量的图像平面坐标系 (x,y)，如图 7.2 所示。

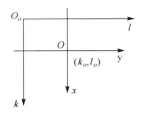

图 7.2　图像坐标系

两种坐标系有如式(7-1)和式(7-2)的转换关系

$$k = x / d_x + k_o \tag{7-1}$$

$$l = y / d_y + l_o \tag{7-2}$$

其中，d_x 表示成像传感器像素单元在水平方向上的物理尺寸；d_y 是成像传感器像素单元在垂直方向上的物理尺寸。图像像素坐标系与图像物理坐标系之间的转换关系如式(7-3)所示

$$\begin{bmatrix} k \\ l \\ 1 \end{bmatrix} = \begin{bmatrix} 1/d_x & 0 & u_o \\ 0 & 1/d_y & v_o \\ 0 & 0 & 1 \end{bmatrix} \begin{bmatrix} x \\ y \\ 1 \end{bmatrix} \tag{7-3}$$

在摄像机的投影模型中，摄像机坐标系 (X_C, Y_C, Z_C) 原点定义在光心 O_C 上，X_C 轴、Y_C 轴与图像平面平行，Z_C 轴与图像平面垂直，世界坐标系 (X_W, Y_W, Z_W) 与摄像机的坐标系有如式(7-4)的转换关系

$$\begin{bmatrix} X_{\mathrm{C}} \\ Y_{\mathrm{C}} \\ Z_{\mathrm{C}} \\ 1 \end{bmatrix} = \begin{bmatrix} R & t \\ 0^t & 1 \end{bmatrix} \begin{bmatrix} X_{\mathrm{W}} \\ Y_{\mathrm{W}} \\ Z_{\mathrm{W}} \\ 1 \end{bmatrix} \tag{7-4}$$

其中，R 表示旋转矩阵；t 表示平移向量。由小孔成像原理，空间点在图像上的成像位置可以表示为

$$\begin{cases} x = \dfrac{f}{Z_{\mathrm{C}}} X_{\mathrm{C}} \\ y = \dfrac{f}{Z_{\mathrm{C}}} Y_{\mathrm{C}} \end{cases} \tag{7-5}$$

由前面的分析，摄像机坐标系与世界坐标系的转换关系为

$$Z_{\mathrm{C}} \begin{bmatrix} k \\ l \\ 1 \end{bmatrix} = \begin{bmatrix} 1/d_x & 0 & u_o \\ 0 & 1/d_y & v_o \\ 0 & 0 & 1 \end{bmatrix} \begin{bmatrix} f & 0 & 0 & 0 \\ 0 & f & 0 & 0 \\ 0 & 0 & 1 & 0 \end{bmatrix} \begin{bmatrix} R & t \\ 0^{\mathrm{T}} & 1 \end{bmatrix} \begin{bmatrix} X_{\mathrm{W}} \\ Y_{\mathrm{W}} \\ Z_{\mathrm{W}} \\ 1 \end{bmatrix}$$

$$= \begin{bmatrix} f_x & 0 & u_0 & 0 \\ 0 & f_y & v_0 & 0 \\ 0 & 0 & 1 & 0 \end{bmatrix} \begin{bmatrix} R & t \\ 0^{\mathrm{T}} & 1 \end{bmatrix} \begin{bmatrix} X_{\mathrm{W}} \\ Y_{\mathrm{W}} \\ Z_{\mathrm{W}} \\ 1 \end{bmatrix} = M_1 M_2 X_{\mathrm{W}} \tag{7-6}$$

其中，M_1 所表示的就是摄像机的内参数矩阵；M_2 所表示的便是摄像机的外参数矩阵。简而言之，对摄像机进行标定的目的就是确定矩阵 M_1 和矩阵 M_2。最终，在得到目标的位置和在成像平面上的成像位置后，便可以根据式(7-6)来求得摄像机的内外参数矩阵 M_1 和 M_2。

在双目立体视觉系统中，还需要知道两个分立摄像机之间的几何位置关系，从而对拍摄到的左右视角图像进行校正，使图像行对齐。假设空间点 P 在世界坐标系、图像坐标系以及摄像机坐标系中的坐标分别为 X_{W}、X_{I} 和 X_{C}，根据以上分析，世界坐标系和图像坐标系的相对位置可以用旋转矩阵 R 和平移向量 t 表示，左右摄像机相对于世界坐标系的位置关系用 R_1、t_1、R_2、t_2 表示，立体视觉系统中双摄像机的坐标关系如图 7.3 所示。

根据等式(7-4)，有转换关系

$$X_{\mathrm{C1}} = R_1 X_{\mathrm{W}} + t_1 \tag{7-7}$$

$$X_{\mathrm{C2}} = R_2 X_{\mathrm{W}} + t_2 \tag{7-8}$$

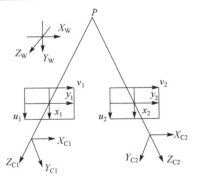

图 7.3　双目摄像机坐标关系

利用等式(7-7)和式(7-8)进行代换，可得到左右摄像机的坐标系关系，如式(7-9)所示

$$\frac{X_{\text{C1}} - t_1}{X_{\text{C2}} - t_2} = \frac{R_1}{R_2} \tag{7-9}$$

其中 R_1、R_2、t_1 和 t_2 由标定得到。由等式(7-3)和式(7-5)即可得到两个成像平面上像素坐标之间的关系，从而通过相应的变换将左右摄像机获取的图像进行行对齐。

7.3　自适应各向异性全变分流驱动场景流计算框架

场景流可以看作光流在三维空间中的扩展，相对于光流具备了深度方向的信息，参照光流的变分方案，场景流能量泛函的一般形式可表示为

$$E(u, v, d_0, d_t) = \int_{\Omega} (E_{\text{data}} + \alpha E_{\text{smooth}}) \text{d}\boldsymbol{x} \tag{7-10}$$

其中，E_{data} 为数据项；E_{smooth} 为平滑项；α 为正则化参数，用于调节数据项和平滑项之间的比例，此参数的调整规则为当获取的图像较为清晰，噪声比较少时，应当选择减小 α 值，即减小平滑项的比重，而当图像中噪点较多时，需要增大平滑的强度，应当选择较大的 α 值。本章的场景流采用光流与视差的形式表示。

7.3.1　亮度和梯度恒常约束相结合的数据项设计

与光流类似，场景流的计算也是病态问题，其同时具有深度方向的流速，因此需要立体图像序列并附加多种假设条件才能求解，这就要求使用双目或者多目立体视觉系统来完成。本章聚焦于采用双目立体视觉系统采集图像序列来计算场景流的方法，其中立体图像序列经过了严格的水平校正，即获取的左右图像序列已通过摄

像机标定过程进行了对准，只需要考虑立体图像序列运动与水平视差之间的时空约束关系，如图 7.4 所示。

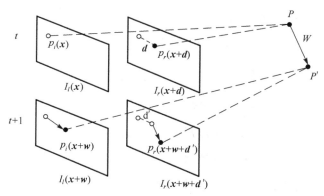

图 7.4　空间点的运动状态在图像序列中的时空对应关系

图 7.4 中，$x = (x, y)$ 代表图像中像素的坐标，$I_l(x)$ 表示双目立体系统在 t 时刻获取的左图像，点 P 投影在 $I_l(x)$ 上的点为 $p_l(x)$，$I_r(x + d)$ 指的是 t 时刻获取的右图像，点 P 投影在 $I_r(x + d)$ 上的点为 $p_r(x + d)$，$I_l(x + w)$ 是 $t + 1$ 时刻获取的左图像，对应到世界坐标系中的 P 为 $p_l(x + w)$，$I_r(x + d' + w)$ 是 $t + 1$ 时刻获取的右图像，对应到世界坐标系中的 P 为 $p_r(x + d' + w)$。图中空间点 P 在相邻时间间隔内产生了一个位移，在世界坐标系中记为向量 W，向量 $w = (u, v)$ 为点 P 的运动轨迹在二维平面上的投影，即二维光流。向量 $d = (d_0, 0)$ 为 t 时刻左图像和右图像的视差，$d' = (d_t, 0)$ 为 $t + 1$ 时刻左右图像的视差。

图 7.4 的运动关系可以用光流分量和视差分量表示，参照变分光流模型及空间与时间约束的 4 组对应关系，数据项可以扩展为 4 个分量，如式 (7-11) 所示

$$E_{\text{data}} = \int_{\Omega} (\beta_l E_l + \beta_r E_r + \beta_{d_0} E_{d_0} + \beta_{d_t} E_{d_t}) \mathrm{d}x \tag{7-11}$$

其中，Ω 指的是像素点的定义域，通常为整个图像平面；β 为遮挡因子，在给定视差初值的条件下，若该点为遮挡像素，则 β 值为 0，反之值为 1；E_l 和 E_r 分别对应左光流和右光流的能量分量；E_{d_0} 和 E_{d_t} 分别对应 t 时刻和 $t + 1$ 时刻视差的能量分量。

传统的光流数据项中有多种恒常约束，使用单一的恒常约束假设缺乏适应性，本节同时使用亮度和梯度恒常约束构建数据项，则图 7.4 中 4 幅图像的对应像素点满足下列关系

$$I_l(x) = I_l(x + w) = I_r(x + d) + I_r(x + w + d') \tag{7-12}$$

$$\nabla I_l(x) = \nabla I_l(x + w) = \nabla I_r(x + d) + \nabla I_r(x + w + d') \tag{7-13}$$

为简化公式，引入以下简写

$$\Delta(I, \boldsymbol{x}; I', \boldsymbol{x} + d\boldsymbol{x}) = |\, I'(\boldsymbol{x} + d\boldsymbol{x}) - I(\boldsymbol{x})\,|^2 + \gamma \,|\, \nabla I'(\boldsymbol{x} + d\boldsymbol{x}) - \nabla I(\boldsymbol{x})\,|^2 \qquad (7\text{-}14)$$

其中，γ 为经验值，用来调节亮度和梯度恒常约束之间的比重；∇ 为梯度符号，等式 (7-11) 中的 4 个数据项分量有以下形式

$$E_l = \psi[\Delta(I_l, \boldsymbol{x}; I_l, \boldsymbol{x} + \boldsymbol{w})] \qquad (7\text{-}15)$$

$$E_r = \psi[\Delta(I_r, \boldsymbol{x} + \boldsymbol{d}; I_r, \boldsymbol{x} + \boldsymbol{w} + \boldsymbol{d}')] \qquad (7\text{-}16)$$

$$E_{d0} = \psi[\Delta(I_l, \boldsymbol{x}; I_r, \boldsymbol{x} + \boldsymbol{d})] \qquad (7\text{-}17)$$

$$E_{dt} = \psi[\Delta(I_l, \boldsymbol{x} + \boldsymbol{w}; I_r, \boldsymbol{x} + \boldsymbol{w} + \boldsymbol{d}')] \qquad (7\text{-}18)$$

其中，$\psi(s^2) = (s^2 + \varepsilon^2)^{1/2}$ 为鲁棒惩罚函数，取 $\varepsilon = 0.001$，用以保证能量泛函的凸性和可微性，同时抑制数据项中可能出现的集外点。

7.3.2　自适应各向异性全变分流驱动平滑项设计

1. 各向异性全变分流驱动平滑

在基于立体视觉的场景流计算中，使用了如下形式的平滑方案，将流场平滑与视差平滑整合在一个平滑项能量泛函中，并使用全变分进行整体平滑

$$E_{\text{smooth}}(u, v, d_0, d_t) = \int_{\Omega} \psi(|\nabla u|^2 + |\nabla v|^2 + \rho \,|\nabla(d_0 - d_t)|^2 + \mu\,|\nabla(d_0)|^2)\mathrm{d}\boldsymbol{x} \qquad (7\text{-}19)$$

其中，ρ 用来调节视差量 $w = d_0 - d_t$ 对整个平滑项的影响；μ 用来调节视差图 d_0 对整个平滑项的影响；鲁棒惩罚函数 ψ 用来克服流场的不连续性

$$\psi(s^2) = \sqrt{s^2 + \varepsilon^2} \qquad (7\text{-}20)$$

将式 (7-20) ψ 函数中的自变量设为 ∇W^2，则有

$$\nabla W^2 = (|\nabla u|^2 + |\nabla v|^2 + \rho\,|\nabla(d_0 - d_t)|^2 + \mu\,|\nabla(d_0)|^2) \qquad (7\text{-}21)$$

对于变量 u，式 (7-19) 对应的扩散项为

$$\begin{aligned} \frac{\partial u}{\partial t} &= \mathrm{div}[\psi'(|\nabla W|^2)\nabla u] \\ &= \frac{\partial}{\partial x}\left(\frac{u_x}{\sqrt{\nabla W^2 + \varepsilon^2}}\right) + \frac{\partial}{\partial y}\left(\frac{u_y}{\sqrt{\nabla W^2 + \varepsilon^2}}\right) \end{aligned} \qquad (7\text{-}22)$$

对于变量 v、d_0 和 d_t，扩散项有与式 (7-22) 相同的形式。本章在此基础上将鲁棒惩罚函数分别应用到平滑项各流场分量与视差分量上，构建了一种基于各向异性全变分流驱动的场景流平滑项，针对平滑项中的光流分量有

$$\iint \psi(|u_x|^2) + \psi(|u_y|^2) + \psi(|v_x|^2) + \psi(|v_y|^2)\mathrm{d}x\mathrm{d}y$$
$$= \iint \sqrt{u_x^2 + \varepsilon^2} + \sqrt{u_y^2 + \varepsilon^2} + \sqrt{v_x^2 + \varepsilon^2} + \sqrt{v_y^2 + \varepsilon^2}\mathrm{d}x\mathrm{d}y \tag{7-23}$$

其对应的扩散项为

$$\frac{\partial u}{\partial t} = \frac{\partial}{\partial x}\left(\frac{u_x}{\sqrt{u_x^2 + \varepsilon^2}}\right) + \frac{\partial}{\partial y}\left(\frac{u_y}{\sqrt{u_y^2 + \varepsilon^2}}\right) \tag{7-24}$$

$$\frac{\partial v}{\partial t} = \frac{\partial}{\partial x}\left(\frac{v_x}{\sqrt{v_x^2 + \varepsilon^2}}\right) + \frac{\partial}{\partial y}\left(\frac{v_y}{\sqrt{v_y^2 + \varepsilon^2}}\right) \tag{7-25}$$

由式(7-24)、式(7-25)可以看出，每个方向的传导系数只依赖于该方向的流场梯度，与其他方向的流场梯度无关，属于非线性各向异性扩散。这样就能在平滑的过程中按照各方向的流场梯度来控制平滑速率。将式(7-21)中的视差变化量简写为 $w = d_0 - d_t$，则各向异性全变分平滑项可用式(7-26)表示

$$E_{\mathrm{smooth}}(u,v,d_0,d_t) = \int_\Omega \psi(|u_x|^2) + \psi(|u_y|^2) + \psi(|v_x|^2) + \psi(|v_y|^2)$$
$$+ \rho\left[\psi(|w_x|^2) + \psi(|w_y|^2)\right] + \mu\left[\psi(|d_{0x}|^2) + \psi(|d_{0y}|^2)\right]\mathrm{d}\boldsymbol{x} \tag{7-26}$$

2. 自适应各向异性全变分流驱动平滑

在图像去噪中，全变分由于采用了 L1 范数而具有较强的边缘保护能力，但其也存在不足之处，由于在有界变差空间中图像函数是分片光滑的，所以在图像中会出现"阶梯效应(Staircase)"，又称作"分片常数"现象，如图 7.5 所示。

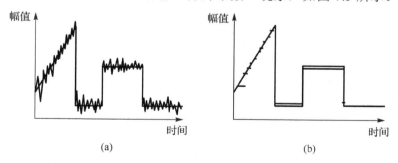

图 7.5　一维信号经过全变分去噪后出现阶梯效应示意图

与全变分模型不同的是，基于 L2 范数的线性扩散模型并不会出现这种现象，但是会导致图像边缘的模糊化。本节将两种范数结合起来用于场景流平滑，在流场

的边缘采用全变分而在平滑区域采用线性扩散，以缓解阶梯效应和线性扩散带来的影响，其形式如式（7-27）所示

$$R_p(u) = \int_\Omega |\nabla u|^{p(|\nabla u|)} \, \mathrm{d}\Omega \tag{7-27}$$

其中，p 函数单调递减且满足式（7-28）所示的条件

$$p(x) \to \begin{cases} 2, & x \to 0 \\ 1, & x \to \infty \end{cases} \tag{7-28}$$

在流场的边缘区域，∇u 较大，满足

$$R_p(u) \approx \int_\Omega |\nabla u| \, \mathrm{d}\Omega \tag{7-29}$$

而在流场的平滑区域，∇u 近似为 0，满足

$$R_p(u) \approx \int_\Omega |\nabla u|^2 \, \mathrm{d}\Omega \tag{7-30}$$

可见，此扩散模型能够自适应地在 L1 和 L2 范数之间进行选择，既能保护边缘又能有效克服"阶梯效应"的影响。根据等式（7-28），p 函数可定义为式（7-31）的形式

$$p(x) = \frac{x+2}{x+1} \tag{7-31}$$

等式（7-27）对应的扩散项为

$$\frac{\partial u}{\partial t} = \mathrm{div}\left[\left(p(|\nabla u|) \cdot |\nabla u|^{p(|\nabla u|)-1} + \ln p(|\nabla u|) p'(|\nabla u|) \cdot |\nabla u|^{p(|\nabla u|)} \right) \frac{\nabla u}{|\nabla u|} \right] \tag{7-32}$$

为简化式（7-32），定义函数 $q(s)$ 为

$$q(s) = p(s) \cdot s^{p(s)-1} + \ln p(s) p'(s) \cdot s^{p(s)} \tag{7-33}$$

则式（7-32）可写为

$$\frac{\partial u}{\partial t} = \mathrm{div}\left[q(|\nabla u|) \frac{\nabla u}{|\nabla u|} \right] \tag{7-34}$$

由式（7-33）可以得出

$$q(|\nabla u|) = \begin{cases} 2|\nabla u|, & |\nabla u| \to 0 \\ 1, & |\nabla u| \to \infty \end{cases} \tag{7-35}$$

在流场平坦区域（$|\nabla u| \to 0$），式（7-35）满足线性扩散，而在接近边缘的地方式（7-35）满足全变分扩散形式。

各向异性全变分能在流场边缘处保持方向性，而在全变分平滑中，由于阶梯效

应的存在使流场产生局部常数聚集的"阶梯效应"。本章结合各向异性全变分和自适应方案，将其应用到场景流的平滑中，构造自适应各向异性全变分平滑项，如式(7-36)所示

$$
\begin{aligned}
E_{\mathrm{smooth}}(u,v,d_0,d_t) = \int_{\Omega} &\Big\{ \psi(|u_x|^2)^{p(|u_x|)} + \psi(|u_y|^2)^{p(|u_y|)} + \psi(|v_x|^2)^{p(|v_x|)} \\
&+ \psi(|v_y|^2)^{p(|v_y|)} + \rho\Big[\psi(|w_x|^2)^{p(|w_x|)} + \psi(|w_y|^2)^{p(|w_y|)} \Big] \\
&+ \mu\Big[\psi(|d_{0x}|^2)^{p(|d_{0x}|)} + \psi(|d_{0y}|^2)^{p(|d_{0y}|)} \Big] \Big\} \mathrm{d}\boldsymbol{x}
\end{aligned}
\tag{7-36}
$$

其中，场景流各分量满足自适应全变分平滑，既能有效保护流场边缘，又能有效去除"阶梯效应"。

7.4 基于立体视觉的变分场景流求解

7.4.1 场景流能量泛函的变分极小化

为简化公式表达，引入如下符号简写形式

$$
I_{lx} := \partial_x I_l(\boldsymbol{x}+\boldsymbol{w})
\tag{7-37}
$$

$$
I_{lxz} := \partial_x I_l(\boldsymbol{x}+\boldsymbol{w}) - \partial_x I_l(\boldsymbol{x})
\tag{7-38}
$$

$$
I_{ly} := \partial_y I_l(\boldsymbol{x}+\boldsymbol{w})
\tag{7-39}
$$

$$
I_{lyz} := \partial_y I_l(\boldsymbol{x}+\boldsymbol{w}) - \partial_y I_l(\boldsymbol{x})
\tag{7-40}
$$

$$
I_{lz} := I_l(\boldsymbol{x}+\boldsymbol{w}) - I_l(\boldsymbol{x})
\tag{7-41}
$$

$$
I_{lyy} := \partial_{yy}^2 I_l(\boldsymbol{x}+\boldsymbol{w})
\tag{7-42}
$$

$$
I_{lxx} := \partial_{xx}^2 I_l(\boldsymbol{x}+\boldsymbol{w})
\tag{7-43}
$$

$$
I_{lxy} := \partial_{xy}^2 I_l(\boldsymbol{x}+\boldsymbol{w})
\tag{7-44}
$$

$$
I_l^{t+1} := I_l(\boldsymbol{x}+\boldsymbol{w})
\tag{7-45}
$$

此外引入如下一组偏导符号来简化偏导方程

$$
\psi'_{fl} := \partial_x \psi[|I_l(\boldsymbol{x}+\boldsymbol{w}) - I_l(\boldsymbol{x})|^2 + \gamma |\nabla I_l(\boldsymbol{x}+\boldsymbol{w}) - \nabla I_l(\boldsymbol{x})|^2]
\tag{7-46}
$$

$$\psi'_{fr} := \partial_x \psi[\,|\, I_r(\boldsymbol{x}+\boldsymbol{w}+\boldsymbol{d}') - I_r(\boldsymbol{x}+\boldsymbol{d})\,|^2 + \gamma\,|\,\nabla I_r(\boldsymbol{x}+\boldsymbol{w}+\boldsymbol{d}') - \nabla I_r(\boldsymbol{x}+\boldsymbol{d})\,|^2\,] \quad (7\text{-}47)$$

$$\psi'_{st} := \partial_x \psi[\,|\, I_r(\boldsymbol{x}+\boldsymbol{w}+\boldsymbol{d}') - I_l(\boldsymbol{x}+\boldsymbol{w})\,|^2 + \gamma\,|\,\nabla I_r(\boldsymbol{x}+\boldsymbol{w}+\boldsymbol{d}') - \nabla I_l(\boldsymbol{x}+\boldsymbol{w})\,|^2\,] \quad (7\text{-}48)$$

本章给出的自适应各向异性全变分计算方案，其对应 u 分量的表达式如式(7-49)所示

$$F = \psi(\,|\,u_x\,|^2)^{p(|u_x|)} + \psi(\,|\,u_y\,|^2)^{p(|u_y|)} \quad (7\text{-}49)$$

为求得欧拉-拉格朗日方程，需对能量泛函 F 求偏导，有式(7-50)与式(7-51)

$$\begin{aligned}
\frac{\partial F}{\partial u_x} = &[2\,|\,u_x\,| \cdot p(\,|\,u_x\,|) \cdot \psi'(\,|\,u_x\,|^2) \cdot \psi(\,|\,u_x\,|^2)^{p(|u_x|)-1} \\
&+ \ln\psi(\,|\,u_x\,|^2) \cdot p'(\,|\,u_x\,|) \cdot \psi(\,|\,u_x\,|^2)^{p(|u_x|)}]\frac{u_x}{|\,u_x\,|}
\end{aligned} \quad (7\text{-}50)$$

$$\begin{aligned}
\frac{\partial F}{\partial u_y} = &[2\,|\,u_y\,| \cdot p(\,|\,u_y\,|) \cdot \psi'(\,|\,u_y\,|^2) \cdot \psi(\,|\,u_y\,|^2)^{p(|u_y|)-1} \\
&+ \ln\psi(\,|\,u_y\,|^2) \cdot p'(\,|\,u_y\,|) \cdot \psi(\,|\,u_y\,|^2)^{p(|u_y|)}]\frac{u_y}{|\,u_y\,|}
\end{aligned} \quad (7\text{-}51)$$

定义 $q_1(s)$ 函数为

$$q_1(s) = 2s \cdot p(s) \cdot \psi'(s^2) \cdot \psi(s^2)^{p(s)-1} + \ln\psi(s^2) \cdot p'(s) \cdot \psi(s^2)^{p(s)} \quad (7\text{-}52)$$

将式(7-52)代入等式(7-50)和式(7-51)可以得到

$$\frac{\partial F}{\partial u_x} = q_1(\,|\,u_x\,|)\frac{u_x}{|\,u_x\,|} \quad (7\text{-}53)$$

$$\frac{\partial F}{\partial u_y} = q_1(\,|\,u_y\,|)\frac{u_y}{|\,u_y\,|} \quad (7\text{-}54)$$

对能量泛函进行变分极小化，将能量泛函 F 对 u 求偏导并令之等于 0，可得到式(7-55)所示的欧拉-拉格朗日方程

$$\begin{aligned}
&\beta_l\psi'_{fl} \cdot [I_{lx}I_{lz} + \gamma(I_{lxx}I_{lxz} + I_{lxy}I_{lyz})] + \beta_r\psi'_{fr} \cdot [I_{rx}I_{rz} + \gamma(I_{rxx}I_{rxz} + I_{rxy}I_{ryz})] \\
&+ \beta_{st}\psi'_{st} \cdot \{(I_r^{t+1} - I_l^{t+1})(I_{rx} - I_{lx}) + \gamma](I_{rx} - I_{lx})(I_{rxx} - I_{lxx}) + (I_{ry} - I_{ly})(I_{rxy} - I_{lxy})]\} \\
&- \alpha\left\{\frac{\partial}{\partial x}\left[q_1(\,|\,u_x\,|)\frac{u_x}{|\,u_x\,|}\right] + \frac{\partial}{\partial y}\left[q_1(\,|\,u_y\,|)\frac{u_y}{|\,u_y\,|}\right]\right\} = 0
\end{aligned} \quad (7\text{-}55)$$

同理将能量泛函 F 对 v、d_0 和 d_t 分别求偏导并令之为 0，可得其余 3 个欧拉-拉格朗日方程

$$\beta_l \psi'_{fl} \cdot [I_{ly} I_{lz} + \gamma(I_{lxy} I_{lxz} + I_{lyy} I_{lyz})] + \beta_r \psi'_{fr} \cdot [I_{ry} I_{rz} + \gamma(I_{rxy} I_{rxz} + I_{ryy} I_{ryz})]$$

$$+ \beta_{st} \psi'_{st} \cdot \{(I_r^{t+1} - I_l^{t+1})(I_{ry} - I_{ly}) + \gamma[(I_{rx} - I_{lx})(I_{rxy} - I_{lxy}) + (I_{ry} - I_{ly})(I_{ryy} - I_{lyy})]\} \quad (7\text{-}56)$$

$$-\alpha \left\{ \frac{\partial}{\partial x}\left[q_1(|v_x|)\frac{v_x}{|v_x|} \right] + \frac{\partial}{\partial y}\left[q_1(|v_y|)\frac{v_y}{|v_y|} \right] \right\} = 0$$

$$\beta_r \psi'_{fr} \cdot [I_{rx} I_{rz} + \gamma(I_{rxx} I_{rxz} + I_{rxy} I_{ryz})] + \beta_{st} \psi'_{st} \cdot \{I_{rx}(I_r^t - I_l^t) + \gamma[I_{rxx}(I_{rx} - I_{lx}) + I_{rxy}(I_{ry} - I_{ly})]\}$$

$$-\alpha\rho \left\{ \frac{\partial}{\partial x}\left[q_1(|(d_t - d_0)_x|)\frac{(d_t - d_0)_x}{|(d_t - d_0)_x|} \right] + \frac{\partial}{\partial y}\left[q_1(|(d_t - d_0)_y|)\frac{(d_t - d_0)_y}{|(d_t - d_0)_y|} \right] \right\} = 0 \quad (7\text{-}57)$$

$$\beta_r \psi'_{fr} \cdot [I_{rx}^t I_{rz} + \gamma(I_{rxx}^t I_{rxz} + I_{rxy}^t I_{ryz})] + \beta_{st} \psi'_{st} \cdot \{I_{rx}^t I_{rz} + \gamma[I_{rxx}^t(I_{rx}^t - I_{lx}^t) + I_{rxy}^t(I_{ry}^t - I_{ly}^t)]\}$$

$$-\alpha(\rho + \mu) \left\{ \frac{\partial}{\partial x}\left[q_1(|d_{0x}|)\frac{d_{0x}}{|d_{0x}|} \right] + \frac{\partial}{\partial y}\left[q_1(|d_{0y}|)\frac{d_{0y}}{|d_{0y}|} \right] \right\} = 0 \quad (7\text{-}58)$$

7.4.2　场景流多分辨率求解策略

4.6 节中曾阐述了基于图像金字塔的多分辨率由粗及精方案在光流计算中的应用，本节将介绍此方案在场景流中的应用。场景流的求解问题类似于光流，非线性问题同样存在于数据项和平滑项中，在求解过程中较为关键的是如何避免陷入局部最小值而得到全局最优解。在光流计算中，通常采用多分辨分层细化结合变形技术解决大位移和局部最小值问题，场景流计算中采用相似的方式来提高计算精度。

在多分辨率光流计算中，光流常被初始化为 0，而在场景流计算中，由于需要同时计算立体图像序列对应的视差，此时将视差 d_0、d_t 也初始化为 0 是不合适的，本节采用从低分辨率层开始计算光流，从中分辨率层引入视差初值来计算场景流的方法。

如图 7.6 所示，算法首先从低分辨率 a 层开始计算光流至中分辨率 c 层，在 b 层引入任意的视差计算方案提供的初值，迭代计算视差到 c 层。从第 c 层开始，将上一层计算得到的光流和视差作为初值代入到本章提出的自适应各向异性全变分场景流计算公式中，并在每一分辨率层结合变形方案，利用 SOR 方法迭代计算场景流。相应的算法流程如图 7.7 所示。

图 7.7 中 k 为迭代次数，l 为图像的分辨率层。在场景流计算中，如从低分辨率层开始就使用各向异性光流算法，由于分辨率较低的图像的纹理结构信息并不明显，则可能在计算光流初值的时候带来较大误差，这种误差会进一步向高分辨率层传递，为缓解这种问题，在低分辨率层可使用各向同性光流计算方法，而在中分辨率层换用各向异性光流计算方法。图 7.8 给出了在计算光流初值过程中，分别使用各向异性和各向同性流驱动平滑所得到的最终场景流水平分量对比结果。

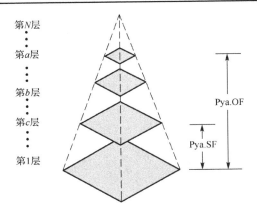

图 7.6　场景流多分辨率计算示意图

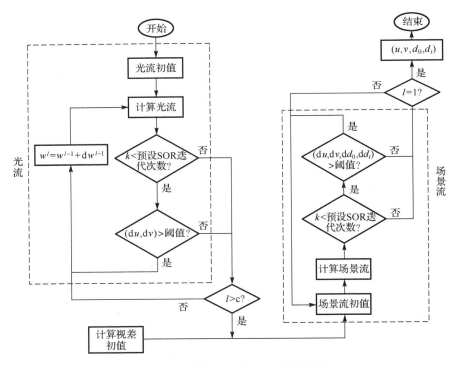

图 7.7　场景流多分辨率计算流程图

　　图 7.8(a) 和图 7.8(b) 分别为光流初值计算中使用各向异性流驱动平滑和各向同性流驱动平滑得到的场景流水平分量，可以看出图 7.8(a) 的结果与图 7.8(b) 的结果相比存在许多错误的纹理，光滑性较差，这是由初值计算错误导致的误差传播造成的，而使用各向同性流驱动方法计算光流初值得到的场景流水平分量背景较为平滑，说明各向同性流驱动平滑作为光流初值计算方法效果更好。

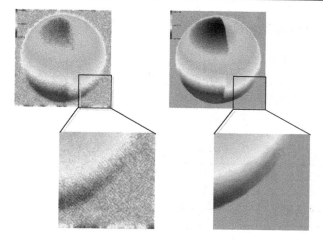

(a) 初值使用各向异性光流驱动平滑　　　(b) 初值使用各向同性光流驱动平滑

图 7.8　初值计算中使用不同流驱动平滑得到的场景流水平分量

7.5　实验与误差分析

本章讨论的场景流计算使用二维光流 (u,v) 结合视差 (d_0,d_t) 施加约束，场景流结果也使用光流与视差来表示。在测试这种场景流方法时，可利用目前较为成熟的光流与视差测试数据集。本节使用公用数据集来测试算法精度，并使用实拍的真实场景数据来测试算法的通用性。

本节的实验测试使用 3 组数据集，分别如下

（1）Middlebury 网站上公布的 Cones、Teddy 和 Venus 数据集，它们分别包含了 t 时刻和 $t+1$ 时刻的左右图像序列，并且给出了真实的光流图和视差图。

（2）Huguet 在其论文中公布的 hemi-spheres 数据集。

（3）利用立体摄像机拍摄的带有移动人体目标的真实室内场景数据集。

7.5.1　误差指标

本节针对场景流的评估采用光流评估与视差评估的方式进行，光流部分使用 2.4 节定义的误差分析指标，由于场景流具备深度方向的信息，本节参照光流 RMSE 引入视差 RMSE 作为评估指标，定义为

$$\text{RMSE}_{\text{dis}} = \sqrt{\frac{\sum_{i=1}^{N}(d_i^c - d_i^e)^2}{N}} \tag{7-59}$$

其中，d_i^c 为数据集中给出的第 i 个像素点的标准视差量；d_i^e 为计算得出的第 i 个点的视差量。

7.5.2　Middlebury 数据集测试

　　Cones、Venus 和 Teddy 数据是用 8 台标定好的摄像机摆放在不同的角度拍摄得到的，第 2 台和第 6 台摄像机得出的视差图作为 t 时刻的立体匹配的真实数据，将第 4 台和第 8 台摄像机得到的视差图作为 $t+1$ 时刻的真实数据。表 7.1 列出了场景流算法在每个数据集中使用的参数。

表 7.1　Middlebury 数据集实验参数设置

	OF. α	SF. α	ρ	μ	γ	Pya.OF	Pya.SF	ε
Cones	80	80	0.5	0.5	5	30	8	0.9
Venus	80	80	0.5	0.5	3	30	15	0.9
Teddy	80	80	0.5	0.5	5	30	8	0.9

　　表 7.1 中，OF. α 为光流算法中的 α，SF. α 为场景流算法中的 α，Pya.OF 和 Pya.SF 分别为计算光流初值和场景流算法的起始图像层数。

　　图 7.9 列出了 Cones 数据集中的图像，Cones 数据集存在较多的转角和边界区域。

(a) t 时刻左视图 　　　　　　　(b) t 时刻右视图 　　　　　　　(c) t 时刻视差真值

(d) $t+1$ 时刻左视图 　　　　　　(e) $t+1$ 时刻右视图 　　　　　　(f) $t+1$ 时刻视差真值

(g) 光流真值水平分量　　　　　　　　　　(h) 光流真值竖直分量

图 7.9　Cones 数据集

图 7.9（a）和图 7.9（b）分别为 t 时刻的左右视图，图 7.9（d）和图 7.9（e）分别为 $t+1$ 时刻的左右视图，图 7.9（c）和图 7.9（f）分别为 t 时刻和 $t+1$ 时刻的视差真值，图 7.9（g）为光流真值的水平分量 u，图 7.9（h）为光流真值的竖直分量 v。Cones 数据集的特点是有较多的边缘和转角区域。

针对 Cones 数据集，本章提出的自适应各向异性全变分场景流计算方法与 Huguet 方法的结果对比如图 7.10 所示。

图 7.10（a）～图 7.10（d）为 Huguet 方法计算出的场景流分量，图 7.10（a）和图 7.10（b）分别为场景流水平分量 u_H 和竖直分量 v_H，图 7.10（c）为 t 时刻的视差分量 d_{0H}，图 7.10（d）为 $t+1$ 时刻的视差分量 d_{tH}。图 7.10（e）～图 7.10（h）为本章方法计算出的场景流水平分量 u、竖直分量 v、t 时刻的视差分量 d_0 以及 $t+1$ 时刻的视差分量 d_t。

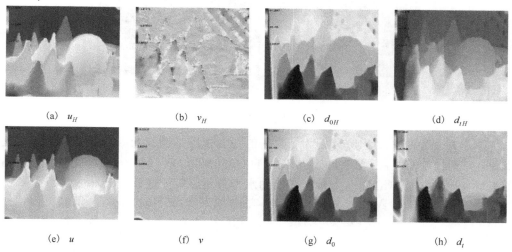

$$\text{(a)}\ u_H \qquad \text{(b)}\ v_H \qquad \text{(c)}\ d_{0H} \qquad \text{(d)}\ d_{tH}$$

$$\text{(e)}\ u \qquad \text{(f)}\ v \qquad \text{(g)}\ d_0 \qquad \text{(h)}\ d_t$$

图 7.10　Cones 数据集本章方法场景流结果与 Huguet 结果对比

图 7.11 所示为 Venus 数据集，其整体比较平滑，且具有明显的边缘区域。

（a）t 时刻左视图　　　　　　（b）t 时刻右视图　　　　　　（c）t 时刻视差图

(d) $t+1$ 时刻左视图　　　　　　　(e) $t+1$ 时刻右视图　　　　　　　(f) $t+1$ 时刻视差图

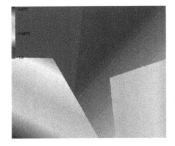 

(g) 光流真值水平分量　　　　　　　　　(h) 光流真值竖直分量

图 7.11　Venus 数据集

图 7.11(a)和图 7.11(b)分别为 t 时刻的左右视图，图 7.11(d)和图 7.11(e)分别为 $t+1$ 时刻的左右视图，图 7.11(c)和图 7.11(f)分别为 t 时刻和 $t+1$ 时刻的视差真值，图 7.11(g)和图 7.11(h)分别为光流真值的水平分量 u 和竖直分量 v。

图 7.12 为针对 Venus 数据集的本章场景流方法与 Huguet 方法的结果对比。

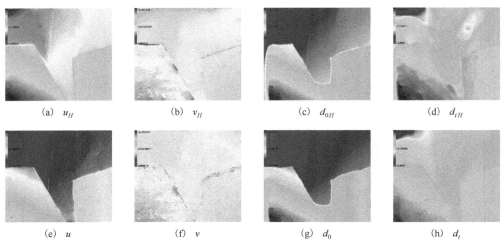

(a) u_H　　　　　　(b) v_H　　　　　　(c) d_{0H}　　　　　　(d) d_{tH}

(e) u　　　　　　(f) v　　　　　　(g) d_0　　　　　　(h) d_t

图 7.12　Venus 数据集本章场景流结果与 Huguet 结果对比

　　图 7.12(a)～图 7.12(d)为 Huguet 方法计算出的场景流结果，图 7.12(a)和图 7.12(b)分别为场景流水平分量 u_H 和竖直分量 v_H，图 7.12(c)为 t 时刻的视差分量 d_{0H}，图 7.12(d)为 $t+1$ 时刻的视差分量 d_{tH}。图 7.12(e)～图 7.12(h)为本章方法计算出的场景流水平分量 u 和垂直分量 v、t 时刻的视差分量 d_0，$t+1$ 时刻的视差分量 d_t。

　　图 7.13 所示为 Teddy 数据集，其右下角边缘细节丰富。

(a) t 时刻左视图

(b) t 时刻右视图

(c) t 时刻视差图

(d) $t+1$ 时刻左视图

(e) $t+1$ 时刻右视图

(f) $t+1$ 时刻视差图

(g) 光流真值水平分量

(h) 光流真值竖直分量

图 7.13　Teddy 数据集

　　图 7.13(a)和图 7.13(b)分别为 t 时刻的左右视图，图 7.13(d)和图 7.13(e)分别为 $t+1$ 时刻的左右视图，图 7.13(c)和图 7.13(f)分别为 t 时刻和 $t+1$ 时刻的视差真值，图 7.13(g)和图 7.13(h)分别为光流真值的水平分量 u 和竖直分量 v。

　　图 7.14 为针对 Teddy 数据集的本章场景流方法与 Huguet 方法的结果对比。

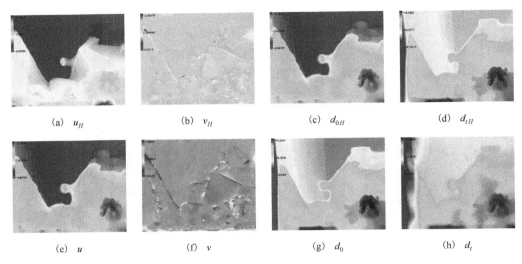

图 7.14　Teddy 数据集本章场景流结果与 Huguet 结果对比

图 7.14(a)～图 7.14(d) 为 Huguet 方法计算出的场景流结果，图 7.14(a)和图 7.14(b) 分别为场景流水平分量 u_H 和竖直分量 v_H，图 7.14(c) 为 t 时刻的视差分量 d_{0H}，图 7.14(d) 为 $t+1$ 时刻的视差分量 d_{tH}。图 7.14(e)～图 7.14(h) 为本章方法计算出的场景流水平分量 u 和竖直分量 v、t 时刻的视差分量 d_0，以及 $t+1$ 时刻的视差分量 d_t。

表 7.2 为本章方法、Huguet 方法在 Venus、Teddy 以及 Cones 数据集上的误差对比结果，误差度量指标选择 RMSE 与 AAE。

表 7.2　Huguet 方法与本章方法实验结果误差对比

		RMSE			AAE
		O.F.	Dis.at.t	Dis.at.$t+1$	
Huguet	Venus	0.31	0.97	1.48	0.98
	Teddy	1.25	2.27	6.93	0.51
	Cones	1.1	2.11	5.24	0.69
本章方法	Venus	0.30	1.00	2.20	1.15
	Teddy	0.59	1.20	4.06	0.34
	Cones	0.79	1.22	2.71	0.56

如表 7.2 所示，对于 Venus 数据集，在光流值和 t 时刻的视差上，本章方法的 RMSE 结果和 Huguet 方法的结果相近，AAE 误差比 Huguet 方法略高，这是由于 Venus 数据集中大部分是平滑区域，纹理丰富区域比较少，在这种情况下自适应各向异性流驱动的效果并不明显。而对于 Teddy 和 Cones 数据集，图像中细节丰富区域较多，

本章方法得出的 RMSE 和 AAE 结果优于 Huguet 方法的实验结果。说明本章提出的平滑方案可有效提高流场精度，且在细节丰富的场景中效果明显。

为进一步说明本章提出的自适应各向异性流驱动场景流方法的有效性，以 Venus 数据集为例，分别使用各向同性、各向异性、自适应各向异性流驱动场景流估计方法对其求解，并将场景流水平分量局部区域放大，该区域带有明显的流场边界，如图 7.15 所示。通过放大的局部流场图来分析本章提出的方案在流场边界的效果。

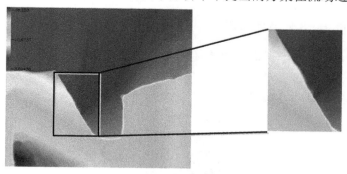

(a) 各向同性流驱动

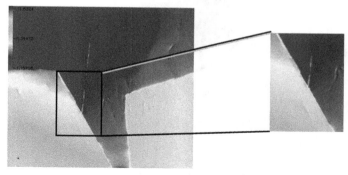

(b) 各向异性流驱动

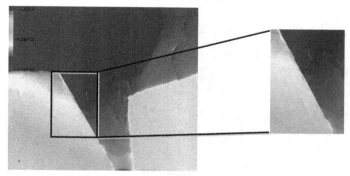

(c) 自适应各向异性流驱动

图 7.15　不同流驱动方法得到的 Venus 数据集场景流水平分量比较

图 7.15(a)为各向同性流驱动方法得到的结果，图 7.15(b)为各向异性流驱动方法的结果，图 7.15(c)为本章提出的自适应各向异性流驱动方法的结果，可以看出图 7.15(b)中放大部分的边缘比图 7.15(a)中锐利清晰，图 7.15(c)加入自适应算法后，放大部分的边缘在保持清晰锐利的同时得到了更加平滑的结果，这得益于自适应全变分平滑良好的适应性。综上，本组实验进一步验证了自适应各向异性流驱动方法具有优异的综合性能。

7.5.3　hemi-spheres 数据集测试

hemi-spheres 旋转半球数据集描述了多个运动叠加的复杂情况，其运动形式如图 7.16 所示，球体自身处于旋转的状态，同时球体的两个半球部分朝着不同方向旋转，存在典型的运动不连续性，图中箭头表示运动方向。

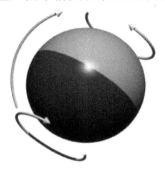

图 7.16　hemi-spheres 旋转半球

本节利用 hemi-spheres 旋转半球数据集对本章提出的方法进行进一步测试。实验参数设置如表 7.3 所示。

表 7.3　hemi-spheres 实验参数设置

	OF. α	SF. α	ρ	μ	γ	Pya.OF	Pya.SF	ε
hemi-spheres	250	250	0.5	0.5	5	30	10	0.9

图 7.17 为 hemi-spheres 数据集。

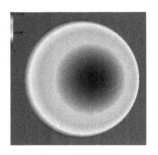

(a) t 时刻左视图　　　　　　(b) t 时刻右视图　　　　　　(c) t 时刻视差图

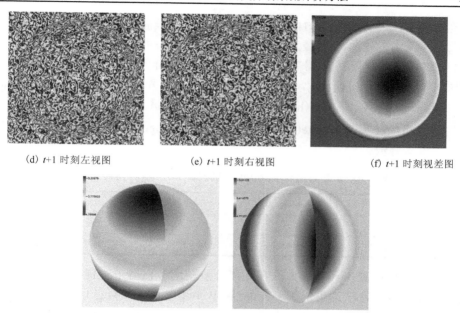

(d) $t+1$ 时刻左视图   (e) $t+1$ 时刻右视图   (f) $t+1$ 时刻视差图

(g) 场景流真值水平分量   (h) 场景流真值竖直分量

图 7.17   hemi-spheres 数据集

图 7.17(a)和图 7.17(b)分别为 t 时刻的左右视图，图 7.17(d)和图 7.17(e)分别为 $t+1$ 时刻的左右视图，图 7.17(c)和图 7.17(f)分别为 t 时刻和 $t+1$ 时刻的视差真值，图 7.17(g)和图 7.17(h)分别为场景流真值的水平分量 u 和竖直分量 v。

图 7.18 展示了本章方法和 Huguet 方法计算出的结果。

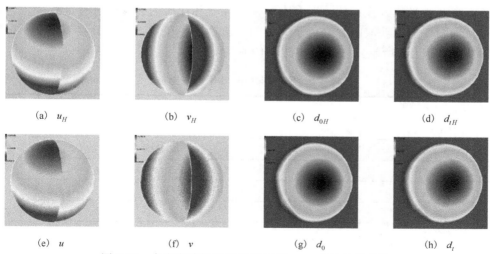

(a) u_H (b) v_H (c) d_{0H} (d) d_{tH}

(e) u (f) v (g) d_0 (h) d_t

图 7.18   本章方法场景流结果与 Huguet 方法结果对比

图 7.18(a)~图 7.18(d) 为 Huguet 方法计算出的场景流分量，图 7.18(a) 和图 7.18(b) 分别为场景流水平分量 u_H 和竖直分量 v_H，图 7.18(c) 为 t 时刻的视差分量 d_{0H}，图 7.18(d) 为 $t+1$ 时刻的视差分量 d_{tH}。图 7.18(e)~图 7.18(h) 为本章方法计算出的场景流分量，其中图 7.18(e) 和图 7.18(f) 分别为场景流水平分量 u 和竖直分量 v，图 7.18(g) 为 t 时刻的视差分量 d_0，图 7.18(h) 为 $t+1$ 时刻的视差分量 d_t。

将计算出的结果与 Huguet 方法、Wedel 方法和 Vogel 方法的实验数据进行对比，结果如表 7.4 所示。

表 7.4　本章方法与 Huguet、 Wedel、Vogel 方法对比结果

		Huguet	Wedel	Vogel	本章方法
RMSE	O.F.	0.69	0.77	0.63	0.63
	Dis.at.$t+1$	3.80	10.9	2.84	3.67

从表 7.4 可以看出，本章方法在光流分量精度上取得了较优的结果，在 $t+1$ 时刻的视差上，本章方法结果优于 Huguet 和 Wedel 方法，而 Vogel 方法的视差结果好于本章方法，这是因为 Vogel 使用了过分割 (Over-Segmentation) 的思想，将图像场景中各平滑区域进行了细分割，因此在边缘位置处避免了各部分之间的相互影响，提升了求解精度，但也增加了算法复杂度。

7.5.4　真实场景数据集测试

真实场景数据采集时使用了加拿大 Point Grey 公司生产的 Bumblebee xb3 立体视觉相机，该立体视觉相机集成了 3 台相同的数字摄像机，采用被动式 3D 成像技术，不需要激光或者投影仪，对存在的镜头畸变和相机内外参数进行了预校正，在进行立体图像序列获取时，避免了烦琐的相机标定和校正工作。该立体视觉相机的硬件参数如表 7.5 所示，实物图如图 7.19 所示。

表 7.5　Bumblebee xb3 硬件参数

图像最大分辨率	1280×960 (像素宽度 3.75 微米)
基线距离	12/24 厘米
图像传感器	Sony ICX445
数字接口	2 个 9 针 IEEE-1394a 接口
传输速率	400Mbit/s
闪存	512KB
光圈尺寸	f/2.0 (3.8mm 焦距)、f/2.5 (6.0mm 焦距)
焦距	6 毫米

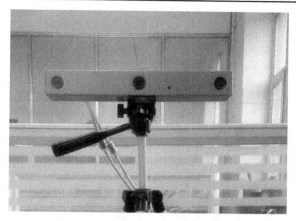

图 7.19　Bumblebee xb3 实物图

图 7.20 是使用 Bumblebee xb3 采集的室内真实场景立体图像序列，使用摄像机外侧两端摄像机，基线距离 24cm，图像分辨率为 640×480，图中背景和摄像机均为静止状态，人体目标向左侧方向运动。

(a) t 时刻左视图

(b) t 时刻右视图

(c) $t+1$ 时刻左视图

(d) $t+1$ 时刻右视图

图 7.20　室内真实场景人体数据集

室内真实场景实验参数如表 7.6 所示。图 7.21 为本章方法计算出的场景流结果。

表 7.6　室内真实场景实验参数设置

OF. α	SF. α	ρ	μ	γ	Pya.OF	Pya.SF	ε
80	150	1	1	7.5	30	10	0.9

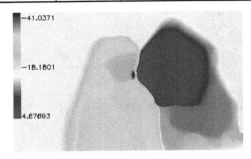

(a) t 时刻的视差图

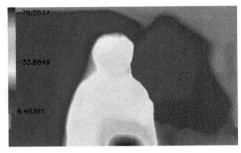

(b) $t+1$ 时刻的视差图

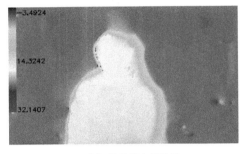

(c) 场景流水平分量

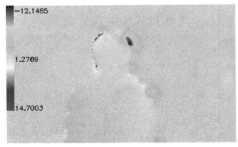

(d) 场景流竖直分量

图 7.21　室内人体数据集场景流结果

图 7.21(a) 为 t 时刻的视差图，图 7.21(b) 为 $t+1$ 时刻的视差图，图 7.21(c) 为场景流水平分量 u，图 7.21(d) 为场景流竖直分量 v。由于没有真实场景流值，本节仅用计算出的光流与视差结果定性分析效果。可以看出，所提出方法能够正确反映目标运动趋势，且能够得到较为清晰的运动边界。

本 章 小 结

本章提出了一种自适应各向异性流驱动的全变分场景流计算方法，该方法基于平行放置的双目立体相机获取立体图像序列并使用变分极小化技术计算场景流。针对能量泛函的设计，数据项部分将亮度恒常约束与梯度恒常约束相结合构成复合数据项，克服光照变化的影响，并引入鲁棒惩罚函数消除集外点的影响。平滑项部分为有效利用场景流分量的方向信息，使用了各向异性流驱动全变分平滑模型。为消除全变分模型中出现的"阶梯效应"，进一步提出了自适应各向异性流驱动全变分模型，并对能量泛函进行变分极小化，得到了欧拉-拉格朗日方程。在求解过程中，使用多分辨率求解方案与变形技术，减小了大位移带来的求解误差。

实验部分使用光流 (u,v) 和视差 (d_0,d_t) 的形式来表示场景流，通过 3 组实验来验证算法的有效性。第 1 组实验使用 Middlebury 网站发布的 Venus、Teddy 和 Cones 数据集，通过定量分析比较，本章方法的综合性能优于 Huguet 方法；第 2 组实验使用 hemi-spheres 数据集，该数据集描述在球体旋转的同时，两个半球各自具有相反的旋转运动，用来分析算法在运动不连续情况下的鲁棒性，实验表明，本章提出的方法对于不连续运动具有较好的适应性，综合性能较优。第 3 组实验使用立体摄像机拍摄的室内场景人体运动数据集，在无场景流真实值的情况下进行了定性分析，所提出方法能够正确反映人体运动趋势，得到较为清晰的运动边界。综合 3 组实验结果，表明本章提出的方法具有较好的性能，适用场景广泛。

第8章 基于 RGB-D 图像序列的变分场景流计算方法

8.1 引 言

场景流是一种三维稠密运动场，第 7 章介绍的场景流求解方法基于被动立体视觉方式，其中的深度信息需要使用立体视觉方式进行求解。近年来，随着 Kinect 等深度传感器的普及，深度信息已可便捷快速地获取，与彩色通道配合构成对齐的 RGB-D 图像，可极大地简化计算机视觉操作。本章介绍一种基于 RGB-D 图像序列的深度图驱动各向异性扩散全变分场景流计算方法，采用局部与全局相结合的约束方式，数据项使用三维局部刚性假设约束提高算法鲁棒性，平滑项使用深度图引导进行各向异性流场平滑，避免模糊运动边缘，最终得到高精度稠密场景流。

8.2 深度图驱动各向异性全变分场景流计算框架

本章提出的基于 RGB-D 图像序列的深度图驱动各向异性全变分场景流求解也可用能量泛函极小化的过程来描述，场景流能量泛函的通用形式如式(8-1)所示

$$E(\boldsymbol{v}) = E_D(\boldsymbol{v}) + \alpha E_S(\boldsymbol{v}) \tag{8-1}$$

其中，$E_D(\boldsymbol{v})$ 为数据项；$E_S(\boldsymbol{v})$ 为平滑项；$\boldsymbol{v}$ 为场景流；α 为数据项和平滑项之间的平衡因子。本章的场景流采用三维表示方式。

8.2.1 基于三维局部刚性假设的数据项设计

与二维光流计算中的局部与全局相结合的约束相似，在场景流计算中也可以使用类似的思想。假设三维空间中的表面满足局部刚体假设，其上的表面点在三维邻域内具有相同的三维运动，则可以使用三维局部刚性假设构建场景流数据项。同时，由于具备了深度信息，可在采用亮度恒常约束的同时采用深度恒常约束构建复合数据项。

本章的场景流采用三维表示方法，而亮度恒常约束通常工作在二维图像域，为在图像中约束三维场景流，需要把数据项表示成场景流与深度的函数，将场景流通过投影变换的方式映射到二维空间，得到二维映射光流，然后利用图像域的恒常约束进行求解，映射关系如图 8.1 所示。

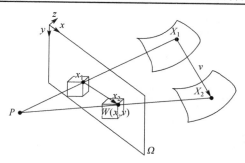

图 8.1　三维空间点至二维平面的映射关系

图 8.1 中，$\boldsymbol{x}_1(x,y)$ 为 t 时刻图像中的一点，其对应的三维空间坐标为 $\boldsymbol{X}_1(X,Y,Z)$，在 $t+1$ 时刻该点在图像中的位置为 $\boldsymbol{x}_2(x',y')$，对应的三维空间坐标为 $\boldsymbol{X}_2(X',Y',Z')$。光流表示为 $\boldsymbol{u}(u,v)$，场景流表示为 $\boldsymbol{v}(v_x,v_y,v_z)$。在不考虑旋转的情况下，空间点 $\boldsymbol{X}_1$、$\boldsymbol{X}_2$ 与场景流的关系可表示为

$$\begin{pmatrix} X' \\ Y' \\ Z' \end{pmatrix} = \begin{pmatrix} X \\ Y \\ Z \end{pmatrix} + \begin{pmatrix} v_x \\ v_y \\ v_z \end{pmatrix} \tag{8-2}$$

已知二维和三维空间的转换关系为

$$Z \begin{pmatrix} x \\ y \\ 1 \end{pmatrix} = \boldsymbol{M} \begin{pmatrix} X \\ Y \\ Z \end{pmatrix} \tag{8-3}$$

$$\boldsymbol{M} = \begin{pmatrix} f_x & 0 & c_x \\ 0 & f_y & c_y \\ 0 & 0 & 1 \end{pmatrix} \tag{8-4}$$

其中，$\boldsymbol{M}$ 为摄像机内参数矩阵。由式 (8-3) 和式 (8-4) 推出 x 和 y 可表示为

$$x = \frac{f_x X}{Z} + c_x, \quad y = \frac{f_y Y}{Z} + c_y \tag{8-5}$$

根据光流的定义，场景流的映射光流 u 分量可表示为

$$\begin{aligned}
u = x' - x &= \frac{f_x X'}{Z} - \frac{f_x X}{Z} = \frac{f_x(X+v_x)}{Z+v_z} - \frac{f_x X}{Z} \\
&= \frac{f_x}{Z}\left(\frac{X+v_x}{1+v_z/Z} - X \right) = \frac{f_x}{Z}\left(\frac{v_x - X v_z/Z}{1+v_z/Z} \right) \\
&= \frac{f_x}{Z}\left(v_x - \frac{v_z X}{Z} \right)\frac{1}{1+v_z/Z}
\end{aligned} \tag{8-6}$$

对式(8-6)中的 $\dfrac{1}{1+v_z/Z}$ 进行泰勒展开，有 $1+\dfrac{1}{v_z/Z}=1-\dfrac{v_z}{Z}+\left(\dfrac{v_z}{Z}\right)^2+\cdots$，则当 $\dfrac{v_z}{Z}\gg1$ 时，式(8-6)可表示为

$$u=\frac{f_x}{Z}\left(v_x-\frac{v_zX}{Z}\right)=\frac{f_xv_x}{Z}-\frac{v_z(x-c_x)}{Z} \tag{8-7}$$

同理可得光流 v 分量为

$$v=y'-y=\frac{f_yv_y}{Z}-\frac{v_z(y-c_y)}{Z} \tag{8-8}$$

于是可以得到光流 $\boldsymbol{u}(u,v)$ 的表达式为

$$\begin{pmatrix}u\\v\end{pmatrix}=\frac{1}{Z}\begin{pmatrix}f_x&0&c_x-x\\0&f_y&c_y-y\end{pmatrix}\begin{pmatrix}v_x\\v_y\\v_z\end{pmatrix} \tag{8-9}$$

运动较小，因此只考虑点的平移运动，不考虑旋转。定义 $\boldsymbol{W}(\boldsymbol{x},\boldsymbol{v})$ 表示点 $\boldsymbol{x}_1(x,y)$ 在第 2 帧估算的位置，则有

$$\boldsymbol{W}(\boldsymbol{x},\boldsymbol{v})=\boldsymbol{x}+\begin{pmatrix}u\\v\end{pmatrix}=\boldsymbol{x}+\frac{1}{Z}\begin{pmatrix}f_x&0&c_x-x\\0&f_y&c_y-y\end{pmatrix}\begin{pmatrix}v_x\\v_y\\v_z\end{pmatrix} \tag{8-10}$$

本章场景流方法的求解思想是将场景流映射回图像域构建能量泛函并进行求解，因此可充分利用纹理图像和深度图像的信息，即利用亮度恒常约束和深度恒常约束构建复合数据项。

根据亮度恒常约束，图像中 $\boldsymbol{x}$ 位置的点运动到 $\boldsymbol{W}(\boldsymbol{x},\boldsymbol{v})$ 位置后，亮度不发生变化，则有

$$I_2[\boldsymbol{W}(\boldsymbol{x},\boldsymbol{v})]=I_1(\boldsymbol{x}) \tag{8-11}$$

其中，$I_1(\boldsymbol{x})$ 为点 $\boldsymbol{x}$ 在第 1 帧图像的灰度值；$I_2[\boldsymbol{W}(\boldsymbol{x},\boldsymbol{v})]$ 为点 $\boldsymbol{W}(\boldsymbol{x},\boldsymbol{v})$ 在第 2 帧图像的灰度值。

除了利用纹理图像的亮度信息外，场景深度值是已知的，因此可以利用深度信息约束场景流求解，即假设深度图中某点的深度值与场景流 Z 分量运动之和等于运动后该点的深度值，即深度恒常约束，可有

$$Z_2[\boldsymbol{W}(\boldsymbol{x},\boldsymbol{v})]=Z_1(\boldsymbol{x})+v_z(\boldsymbol{x}) \tag{8-12}$$

其中，$Z_1(\boldsymbol{x})$ 为 $\boldsymbol{x}$ 点深度值；$Z_2[\boldsymbol{W}(\boldsymbol{x},\boldsymbol{v})]$ 为 $\boldsymbol{W}(\boldsymbol{x},\boldsymbol{v})$ 点的深度值；$v_z(\boldsymbol{x})$ 为场景流 $\boldsymbol{v}$ 的 z 方向分量。根据式(8-11)和式(8-12)可推出残余项分别为

$$\rho_I(\boldsymbol{x},\boldsymbol{v})=I_2[\boldsymbol{W}(\boldsymbol{x},\boldsymbol{v})]-I_1(\boldsymbol{x}) \tag{8-13}$$

$$\rho_z(\boldsymbol{x}, \boldsymbol{v}) = Z_2[\boldsymbol{W}(\boldsymbol{x}, \boldsymbol{v})] - [Z_1(\boldsymbol{x}) + \boldsymbol{F}^{\mathrm{T}}\boldsymbol{v}] \tag{8-14}$$

其中，$\boldsymbol{F} = (0, 0, 1)^{\mathrm{T}}$。

为抑制数据项中的集外点，同时保证能量泛函的凸性与可微性，引入形如式(8-15)的鲁棒惩罚函数

$$\psi(s^2) = \sqrt{s^2 + \varepsilon^2} \tag{8-15}$$

其中，$\varepsilon = 0.001$。则数据项可写为

$$E_D(\boldsymbol{v}) = \sum_{\boldsymbol{x}} \psi[|\rho_I(\boldsymbol{x}, \boldsymbol{v})|^2] + \lambda \psi[|\rho_z(\boldsymbol{x}, \boldsymbol{v})|^2] \tag{8-16}$$

对数据项进行局部刚性约束，将约束方程设定在 $\boldsymbol{x}$ 的邻域 $N(\boldsymbol{x})$ 内成立，则最终的数据项如式(8-17)所示

$$E_D(\boldsymbol{v}) = \sum_{\boldsymbol{x}} \sum_{\boldsymbol{x}' \in N(\boldsymbol{x})} \psi[|\rho_I(\boldsymbol{x}', \boldsymbol{v})|^2] + \lambda \psi[|\rho_z(\boldsymbol{x}', \boldsymbol{v})|^2] \tag{8-17}$$

8.2.2　深度图驱动各向异性平滑项设计

在具有深度信息的情况下，可使用深度图引导进行平滑项的设计。本节利用基于深度图驱动的各向异性全变分模型来平滑场景流，以避免运动边界模糊带来的影响。同时，全变分平滑是有效的流场平滑方法，本节将深度图各向异性扩散与全变分相结合构建平滑项，对场景流 3 个分量独立进行平滑，可表示为

$$E_S(\boldsymbol{v}) = \sum_{d=1}^{3} |\boldsymbol{D}\nabla v_d| \tag{8-18}$$

其中，$v_d(d = 1, 2, 3)$ 对应于场景流的 3 个分量 v_x、v_y、v_z；$\boldsymbol{D}$ 为各向异性扩散张量，其定义为

$$\boldsymbol{D} = \exp[-\mu |\nabla Z(\boldsymbol{x})|^\beta] \boldsymbol{n}\boldsymbol{n}^{\mathrm{T}} + \boldsymbol{n}^\perp \boldsymbol{n}^{\perp^{\mathrm{T}}} \tag{8-19}$$

其中，$Z(\boldsymbol{x})$ 为深度图，$\boldsymbol{x}$ 为深度图像素点；$\boldsymbol{n}^\perp$ 为 $\boldsymbol{n}$ 的法向量。深度图边界往往与运动边界重合，通过引入各向异性扩散张量减弱梯度方向的平滑程度，而沿着边缘方向的平滑程度不受影响，从而达到保持运动边缘的目的。

8.3　场景流能量泛函求解

8.3.1　基于辅助变量的场景流求解

为简化模型计算，采用对偶模型进行能量泛函极小化，引入场景流辅助变量分步计算场景流，即将场景流能量泛函数据项和平滑项分离开来，进行分步交替求解，

交替求解不仅可以降低计算难度，还有助于将不同的算法整合到一个算法框架中。平滑项求解利用基于 Legendre-Fenchel 变换的 ROF 求解方法进行求解。

场景流能量函数的表达式为

$$E(\boldsymbol{v}) = \sum_{x}\left(\left\{\sum_{x' \in N(x)}\psi[|\rho_I(\boldsymbol{x}',\boldsymbol{v})|^2] + \lambda\psi[|\rho_z(\boldsymbol{x}',\boldsymbol{v})|^2]\right\} + \alpha\sum_{d=1}^{3}|\boldsymbol{D}\nabla v_d|\right) \quad (8\text{-}20)$$

引入场景流辅助变量 $\boldsymbol{v}'(v'_x, v'_y, v'_z)$，则

$$E(\boldsymbol{v},\boldsymbol{v}') = \sum_{x}\left(\sum_{x' \in N(x)}\{\psi[|\rho_I(\boldsymbol{x}',\boldsymbol{v}')|^2] + \lambda\psi[|\rho_z(\boldsymbol{x}',\boldsymbol{v}')|^2]\} + \frac{1}{2\theta}|\boldsymbol{v}-\boldsymbol{v}'|^2 + \alpha\sum_{d=1}^{3}|\boldsymbol{D}\nabla v_d|\right) \quad (8\text{-}21)$$

利用分步求解策略极小化式(8-21)，首先固定 $\boldsymbol{v}'$ 不变，求解 $\boldsymbol{v}$，该问题是基于平滑项的能量泛函极小化问题

$$E(\boldsymbol{v}) = \sum_{x}\left(\frac{1}{2\eta}|\boldsymbol{v}-\boldsymbol{v}'|^2 + \sum_{d=1}^{3}|\boldsymbol{D}\nabla v_d|\right) \quad (8\text{-}22)$$

其中，$\eta = \theta\alpha$。其次固定 $\boldsymbol{v}$ 不变，求解 $\boldsymbol{v}'$，该问题是基于数据项的能量泛函极小化问题

$$E(\boldsymbol{v}') = \sum_{x}\left(\sum_{x' \in N(x)}\{\psi[|\rho_I(\boldsymbol{x}',\boldsymbol{v}')|^2] + \lambda\psi[|\rho_z(\boldsymbol{x}',\boldsymbol{v}')|^2]\} + \frac{1}{2\theta}|\boldsymbol{v}-\boldsymbol{v}'|^2\right) \quad (8\text{-}23)$$

Step.1　平滑项的能量函数极小化。

通过固定 $\boldsymbol{v}'$ 不变求解 $\boldsymbol{v}$ 时，基于平滑项优化求解与 ROF 模型类似，可用 ROF 模型求解方法极小化式(8-22)。

利用 Legendre-Fenchel(LF)变换进行求解，若有

$$f_H(\boldsymbol{q}) = \|\boldsymbol{q}\|_1 \quad (8\text{-}24)$$

其中，$\boldsymbol{q}$ 为矢量，则对式(8-24)进行 LF 变换

$$f_H^*(\boldsymbol{p}) = \sup_{\boldsymbol{q}}\{\boldsymbol{q}\cdot\boldsymbol{p} - f_H(\boldsymbol{q})\} = \begin{cases} 0, & \|\boldsymbol{p}\| \leqslant 1 \\ \infty, & \text{其他} \end{cases} \quad (8\text{-}25)$$

$$f_H^{**}(\boldsymbol{q}) = \sup_{\boldsymbol{p}}\{\boldsymbol{p}\cdot\boldsymbol{q} - f_H^*(\boldsymbol{p})\} = \sup_{|\boldsymbol{p}|\leqslant 1}\{\boldsymbol{p}\cdot\boldsymbol{q}\} \quad (8\text{-}26)$$

其中，$*$ 表示 LF 变换操作，$**$ 表示进行两次 LF 变换。根据 LF 变换的性质可得

$$f_H^{**}(\boldsymbol{q}) = f_H(\boldsymbol{q}) \quad (8\text{-}27)$$

所以，可有

$$f_H(\boldsymbol{q}) = \sup_{|\boldsymbol{p}|\leqslant 1}\{\boldsymbol{p}.\boldsymbol{q}\} \tag{8-28}$$

若令

$$\boldsymbol{q} = \boldsymbol{D}\nabla v_d \tag{8-29}$$

$$f_H(\boldsymbol{D}\nabla v_d) = |\boldsymbol{D}\nabla v_d| = \sup_{|\boldsymbol{p}|\leqslant 1}\{\boldsymbol{D}\nabla v_d.\boldsymbol{p}\} \tag{8-30}$$

则式 (8-22) 的极小化问题可变为

$$\min\sup_{|\boldsymbol{p}|\leqslant 1}\sum_{\boldsymbol{x}}\sum_{d=1}\left(\boldsymbol{D}\nabla v_d.\boldsymbol{p} + \frac{1}{2\eta}|v_d - v_d'|^2\right) \tag{8-31}$$

对于每一个点 $\boldsymbol{x}$，对式 (8-31) 求 $\boldsymbol{p}$ 的偏导

$$\frac{\partial}{\partial \boldsymbol{p}} = \boldsymbol{D}\nabla v_d.\boldsymbol{p}, |\boldsymbol{p}|\leqslant 1 \tag{8-32}$$

利用梯度下降法，可得

$$\boldsymbol{p}^{n+1} = \frac{\boldsymbol{p}^n + \tau\boldsymbol{D}\nabla v_d^n}{\max\{1, \boldsymbol{p}^n + \tau\boldsymbol{D}\nabla v_d^n\}} \tag{8-33}$$

根据散度定理，由式 (8-31) 可得

$$\min\sup_{|\boldsymbol{p}|\leqslant 1}\sum_{\boldsymbol{x}}\sum_{d=1}\left[-v_d.\mathrm{div}(\boldsymbol{D}\boldsymbol{p}) + \frac{1}{2\eta}|v_d - v_d'|^2\right] \tag{8-34}$$

对于每一个点 $\boldsymbol{x}$，对上式求 v_d 的偏导

$$-\mathrm{div}(\boldsymbol{D}\boldsymbol{p}) + \frac{1}{\eta}(v_d - v_d') = 0 \tag{8-35}$$

可得到

$$v_d = v_d' + \eta\,\mathrm{div}(\boldsymbol{D}\boldsymbol{p}) \tag{8-36}$$

最终的迭代公式为

$$v_d^{n+1} = v_d' + \eta\,\mathrm{div}(\boldsymbol{D}\boldsymbol{p}^{n+1}) \tag{8-37}$$

$$\boldsymbol{p}^{n+1} = \frac{\boldsymbol{p}^n + \tau\boldsymbol{D}\nabla v_d^n}{\max\{1, \boldsymbol{p}^n + \tau\boldsymbol{D}\nabla v_d^n\}} \tag{8-38}$$

Step.2　数据项的能量函数极小化

通过固定 $\boldsymbol{v}$ 不变求解 $\boldsymbol{v}'$。数据项最优化求解时，利用高斯-牛顿迭代求解。令 $\boldsymbol{v}' = \boldsymbol{v}' + \Delta\boldsymbol{v}'$，其中 $\Delta\boldsymbol{v}' = (\Delta v_x', \Delta v_y', \Delta v_z')^{\mathrm{T}}$，即假设 $\boldsymbol{v}'$ 初始值已知，求 $\Delta\boldsymbol{v}'$，通过求其增量的形式求解，则式 (8-23) 变为

$$\sum_{x}\left(\sum_{x'\in N(x)}\{\psi[|\,\rho_I(x',v'+\Delta v')\,|^2]+\lambda\,\Psi[|\,\rho_z(x',v'+\Delta v')\,|^2]\}+\frac{1}{2\theta}|\,v-(v'+\Delta v')\,|^2\right) \tag{8-39}$$

对式(8-32)在 v' 处进行泰勒展开，并舍弃二次项及高次项，则式(8-23)可近似为

$$\sum_{x}\left(\sum_{x'\in N(x)}\left\{\Psi\left[\left|\rho_I(x',v')+(\nabla I)^{\mathrm{T}}\frac{\partial W}{\partial v'}\Delta v'\right|^2\right]+\lambda\,\Psi\left[\left|\rho_z(x',v')+(\nabla Z)^{\mathrm{T}}\frac{\partial W}{\partial v'}\Delta v'\right|^2\right]\right\}+\frac{1}{2\theta}|\,v-(v'+\Delta v')\,|^2\right)$$
$$\tag{8-40}$$

其中，∇I 表示 $\nabla[I_2(W(x,v'))]$；∇Z 表示 $\nabla[Z_2(W(x,v'))]$；W 表示 $W(x,v')$，$W(x,v')$ 的定义已由式(8-10)给出。对每一个点 x 对式(8-40)求 $\Delta v'$ 的导数，有

$$\sum_{x'\in N(x)}\left[2\psi'\left[\left|\rho_I(x',v')+(\nabla I)^{\mathrm{T}}\frac{\partial W}{\partial v'}\Delta v'\right|^2\right]\left[(\nabla I)^{\mathrm{T}}\frac{\partial W}{\partial v'}\right]^{\mathrm{T}}\left[\rho_I(x',v')+(\nabla I)^{\mathrm{T}}\frac{\partial W}{\partial v'}\Delta v'\right]+2\lambda\psi'\right.$$
$$\cdot\left\{\left|\rho_z(x',v')+\left[(\nabla Z)^{\mathrm{T}}\frac{\partial W}{\partial v'}-F\right]\Delta v'\right|^2\right\}\left[(\nabla Z)^{\mathrm{T}}\frac{\partial W}{\partial v'}-F\right]^{\mathrm{T}}$$
$$\left.\cdot\left(\rho_z(x',v')+\left\{\left[(\nabla Z)^{\mathrm{T}}\frac{\partial W}{\partial v'}-F\right]\Delta v'\right\}\right)-\frac{1}{\theta}(v-v'-\Delta v')=0\right.$$
$$\tag{8-41}$$

其中

$$\psi'[|\,\rho_I(x',v')\,|^2]=\frac{1}{2\sqrt{|\,\rho_I(x',v')\,|^2+\varepsilon^2}}$$
$$\psi'[|\,\rho_z(x',v')\,|^2]=\frac{1}{2\sqrt{|\,\rho_z(x',v')\,|^2+\varepsilon^2}} \tag{8-42}$$

$$\frac{\partial W(x,v')}{\partial v'}=\begin{pmatrix}\partial W_x/\partial v'_x & \partial W_x/\partial v'_y & \partial W_x/\partial v'_z\\ \partial W_y/\partial v'_x & \partial W_y/\partial v'_y & \partial W_y/\partial v'_z\end{pmatrix}=\frac{1}{z}\begin{pmatrix}f_x & 0 & c_x-x\\ 0 & f_y & c_y-y\end{pmatrix} \tag{8-43}$$

求解时初始化 $\Delta v'=0$，将 $\Delta v'$ 分离出来如式(8-44)所示，完成一次计算后更新 $v'=v'+\Delta v'$

$$\Delta v'=-H^{-1}\left\{\begin{array}{l}\psi'[|\,\rho_I(x',v')\,|^2]\left[(\nabla I)^{\mathrm{T}}\dfrac{\partial W}{\partial v'}\right]^{\mathrm{T}}\rho_I(x',v')\\ +\lambda\psi'[|\,\rho_z(x',v')\,|^2]\left[(\nabla Z)^{\mathrm{T}}\dfrac{\partial W}{\partial v'}-F\right]^{\mathrm{T}}\rho_z(x',v')-\dfrac{1}{2\theta}(v-v')\end{array}\right\} \tag{8-44}$$

其中，H 是 Hessian 矩阵的高斯-牛顿近似

$$H = \sum_{\boldsymbol{x}' \in N(\boldsymbol{x})} \left\{ \psi'[|\rho_I(\boldsymbol{x}', \boldsymbol{v}')|^2] \left[(\nabla I)^{\mathrm{T}} \frac{\partial \boldsymbol{W}}{\partial \boldsymbol{v}'} \right]^{\mathrm{T}} \left[(\nabla I)^{\mathrm{T}} \frac{\partial \boldsymbol{W}}{\partial \boldsymbol{v}'} \right] \right.$$

$$\left. + \lambda \psi'[|\rho_z(\boldsymbol{x}', \boldsymbol{v}')|^2] \left[(\nabla Z)^{\mathrm{T}} \frac{\partial \boldsymbol{W}}{\partial \boldsymbol{v}'} - \boldsymbol{F} \right]^{\mathrm{T}} \left[(\nabla Z)^{\mathrm{T}} \frac{\partial \boldsymbol{W}}{\partial \boldsymbol{v}'} - \boldsymbol{F} \right] \right\} + \frac{1}{2\theta} \boldsymbol{E} \tag{8-45}$$

其中，$\boldsymbol{E}$ 为 3×3 单位阵。

$$\nabla I_2^{\mathrm{T}} \frac{\partial \boldsymbol{W}}{\partial \boldsymbol{v}'} = (I_x, I_y) \frac{\partial \boldsymbol{W}}{\partial \boldsymbol{v}'} = \frac{1}{Z} \left[f_x I_x \quad f_y I_y \quad I_x(c_x - x) + I_y(c_y - y) \right] \tag{8-46}$$

$$\left(\nabla I_2^T \frac{\partial \boldsymbol{W}}{\partial \boldsymbol{v}} \right)^{\mathrm{T}} \left(\nabla I_2^T \frac{\partial \boldsymbol{W}}{\partial \boldsymbol{v}} \right) = \frac{1}{Z^2} \begin{pmatrix} Q_{11} & Q_{12} & Q_{13} \\ Q_{21} & Q_{22} & Q_{23} \\ Q_{31} & Q_{32} & Q_{33} \end{pmatrix} \tag{8-47}$$

其中

$$Q_{11} = f_x^2 I_x^2 \tag{8-48}$$

$$Q_{12} = Q_{21} = f_x I_x f_y I_y \tag{8-49}$$

$$Q_{13} = Q_{31} = f_x I_x \left[I_x(c_x - x) + I_y(c_y - y) \right] \tag{8-50}$$

$$Q_{22} = f_y^2 I_y^2 \tag{8-51}$$

$$Q_{23} = Q_{32} = f_y I_y \left[I_x(c_x - x) + I_y(c_y - y) \right] \tag{8-52}$$

$$Q_{33} = \left[I_x(c_x - x) + I_y(c_y - y) \right]^2 \tag{8-53}$$

$$\nabla Z_2 \frac{\partial \boldsymbol{W}}{\partial \boldsymbol{v}'} - \boldsymbol{F} = (Z_x, Z_y) \frac{\partial \boldsymbol{W}}{\partial \boldsymbol{v}'} - \boldsymbol{F} = \frac{1}{Z} \left\{ f_x Z_x \quad f_y Z_y \quad [Z_x(c_x - x) + Z_y(c_y - y)] - Z \right\} \tag{8-54}$$

$$\left(\nabla Z_2 \frac{\partial \boldsymbol{W}}{\partial \boldsymbol{v}'} - \boldsymbol{F} \right)^{\mathrm{T}} \left(\nabla Z_2 \frac{\partial \boldsymbol{W}}{\partial \boldsymbol{v}'} - \boldsymbol{F} \right) = \frac{1}{Z^2} \begin{pmatrix} R_{11} & R_{12} & R_{13} \\ R_{21} & R_{22} & R_{23} \\ R_{31} & R_{32} & R_{33} \end{pmatrix} \tag{8-55}$$

其中

$$R_{11} = f_x^2 Z_x^2 \tag{8-56}$$

$$R_{12} = R_{21} = f_x f_y Z_x Z_y \tag{8-57}$$

$$R_{13} = R_{31} = f_x Z_x [Z_x(c_x - x) + Z_y(c_y - y) - Z] \tag{8-58}$$

$$R_{22} = f_y^2 Z_y^2 \tag{8-59}$$

$$R_{23} = R_{32} = f_y Z_y [Z_x(c_x - x) + Z_y(c_y - y) - Z] \tag{8-60}$$

$$R_{33} = [Z_x(c_x - x) + Z_y(c_y - y) - Z]^2 \tag{8-61}$$

数据项能量泛函极小化和平滑项能量泛函极小化都是迭代求解过程，并且两者交替迭代求解，迭代一定次数，则计算的场景流值逐渐收敛，达到稳定解时，即完成了场景流的求解。

8.3.2　场景流多分辨率求解策略

为解决大位移问题，构建基于中值滤波的图像金字塔求解场景流，金字塔结构如图 8.2 所示。

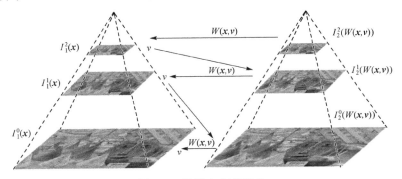

图 8.2　图像金字塔结构

对场景流能量泛函在由粗到精的不同分辨率图像上进行求解，并把该层金字塔求解的场景流值作为下一层的求解初值，且在每一分辨率层求解场景流增量以克服大位移问题，因不存在视差初始化问题，故可将场景流初值设置为 0。当图像分解到一定的层数时，两帧间图像运动量将变得足够小，满足场景流计算的约束条件，按照从图像低分辨率到高分辨率的顺序，在每一层上利用本章提出的场景流求解方法进行求解。

8.4　实验与误差分析

场景流评估使用 Middlebury 网站发布的立体数据集和实拍的真实数据集进行。利用 Middlebury 立体数据集模拟对齐的深度图和彩色图，并用本章方法计算场景流，与其他场景流和光流方法进行对比；真实数据集利用 Kinect 采集对齐的纹理图和深度图进行实验，验证所提出方法在通用场景下的有效性。实验平台为 Intel Core i5-4590 CPU @3.30GHz，8GB 内存的 PC，操作系统为 Windows 8，软件开发环境为 Visual Studio 2012，使用 C++语言编程实现。误差评估使用 AAE 与 RMSE。

8.4.1　基于 Middlebury 立体数据集的场景流评估

Middlebury 立体数据集已广泛应用于场景流评估，其提供了标定过的彩色纹理图像和视差图，通过视差图求出对应图像的深度图，对应关系如式 (8-62) 所示。对齐的彩色纹理图与深度图可作为 RGB-D 图像求解场景流

$$z = \frac{fb}{d} \tag{8-62}$$

其中，z 为深度值，f 为焦距，b 为基线距离，d 为视差。

Middlebury 立体数据集是通过水平移动摄像机得到的，每移动一定距离都可得到场景的彩色图和对应的视差图，以及每次运动的真实光流场。在 RGB-D 场景流估计中一般选择 Middlebury 立体数据集的第 2 帧图像和第 6 帧图像作为 RGB-D 场景流估计的前后两帧，模拟 RGB-D 数据相当于固定摄像机不动，整个场景沿着摄像机坐标系 X 轴方向平移，Y 轴、Z 轴方向的运动为 0。Teddy 数据集的两帧如图 8.3 所示。

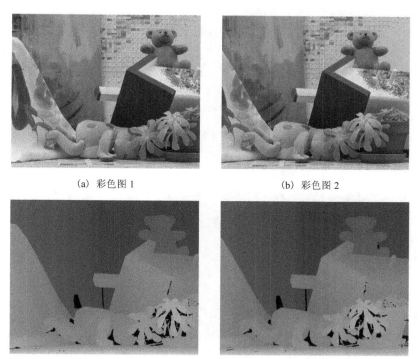

(a)　彩色图 1　　　　　　　　　　(b)　彩色图 2

(c)　视差图 1　　　　　　　　　　(d)　视差图 2

图 8.3　Teddy 数据集

图 8.3 (a) 和图 8.3 (b) 为 Teddy 数据集的两帧彩色图，图 8.3 (c) 和图 8.3 (d) 分别

为图 8.3(a) 和图 8.3(b) 对应的视差图，利用式 (8-4) 将视差图转换为深度图，8 位深度图如图 8.4 所示。

(a) 深度图 1　　　　　　　　　　　　　　(b) 深度图 2

图 8.4　Teddy 数据集对应的深度图

Cones 数据集的两帧如图 8.5 所示。

(a) 彩色图 1　　　　　　　　　　　　　　(b) 彩色图 2

(c) 视差图 1　　　　　　　　　　　　　　(d) 视差图 2

图 8.5　Cones 数据集

图 8.5(a) 和图 8.5(b) 为 Cones 数据集的两帧彩色图，图 8.5(c) 和图 8.5(d) 分别

为图 8.5(a)和图 8.5(b)对应的视差图,利用式(8-4)将视差图转换为深度图,8 位深度图如图 8.6 所示。

(a) 深度图 1　　　　　　　　　　　　　(b) 深度图 2

图 8.6　Cones 深度图

有了对齐的彩色图和深度图后,即可使用本章提出的方法求解场景流,将场景流映射到图像域,得到其映射光流,计算光流与光流真值的平均角度误差(AAE)和均方根误差(RMSE),并与经典的光流算法、基于立体视觉的场景流计算方法和 RGB-D 场景流计算方法进行比较,通过对比分析验证本章方法的合理性及先进性。

实验中,本章方法设置金字塔层数为 6 层;数据项能量泛函求解迭代次数为 5 次,平滑项能量泛函求解迭代次数为 50 次,数据项和平滑项之间的平衡因子 $\alpha = 10$,亮度恒常项和深度恒常项之间的平衡因子 $\lambda = 0.1$。

图 8.7 为 Teddy 数据集的光流图,本章仍采用颜色编码形式显示光流矢量,图 8.7(a)为本章方法计算得到的结果,图 8.7(b)为光流真值图。每幅子图右下角位置为颜色编码图,不同的颜色表示表示光流矢量的不同方向,颜色的深浅表示光流矢量的大小。

(a) 本章方法的映射光流　　　　　　　　　(b) 光流真值

图 8.7　Teddy 数据集上的映射光流结果与光流真值

图 8.8 为 Cones 数据集的光流图，图 8.8(a) 为本章方法得到的结果，图 8.8(b) 为光流真值图。

(a) 本章方法的映射光流　　　　　　　　　　　(b) 光流真值

图 8.8　Cones 数据集上计算的映射光流与光流真值

由图 8.7 与图 8.8 可见，本章场景流方法得到的映射光流能够反映正确的二维运动。对得到的映射光流进行定量分析，计算映射光流的 AAE 和 RMSE，并与其他 RGB-D 场景流计算方法、立体视觉场景流计算方法、经典光流方法进行比较，结果见表 8.1。这里 AAE 和 RMSE 结果不包含遮挡区域和无深度值的区域。为了便于分析，基于彩色图和深度图对齐数据的场景流计算方法用 RGB-D 标记，基于立体视觉的场景流计算方法用 ST 标记，光流方法用 OT 标记。

表 8.1　误差横向对比实验

算法	Teddy		Cones	
	RMSE	AAE	RMSE	AAE
Quiroga et al. (RGB-D)	0.94	0.84	0.79	0.52
Hadfield (RGB-D)	1.36	0.52	1.61	0.59
Basha et al. (ST)	0.57	1.01	0.58	0.39
Huguet (ST)	1.25	0.51	1.10	0.69
Brox and Malik (OT)	2.11	0.43	2.30	0.52
本章方法 (RGB-D)	0.55	0.65	0.59	0.38

对于 Teddy 和 Cones 数据集，本章方法的 RMSE 和 AAE 均优于 Quiroga 方法。Hadfield 提出的是一种基于粒子滤波的场景流估计，其直接在三维空间中计算场景流，但对噪声较为敏感。本章方法虽然在三维空间中表示场景流，但求解思路是将三维场景流约束在二维图像域，利用各种恒常约束构建能量泛函进行求解，配合局部约束，能够很大程度上消除噪声的干扰。在 Teddy 和 Cones 数据集上，Hadfield 的方法角度误差相对较小，而 RMSE 相对于本章方法的误差较大。对于立体视觉方

法，由于未提供准确的深度初值，计算场景流的同时需要优化深度信息，而深度信息估计的准确性很大程度上影响场景流的计算精度。对于光流方法，只使用两帧图像的亮度恒常假设，缺乏深度信息的约束，因此其误差最高。从表 8.1 中可见，在 Teddy 和 Cones 数据集上，其 RMSE 分别达到了 2.11 和 2.30，远大于 RGB-D 场景流方法和立体视觉场景流计算方法的 RMSE。综上，本章方法的综合性能是相对较优的。

8.4.2　场景流计算的参数优化

为说明参数选择在场景流计算中的重要作用，本节通过调节本章场景流方法的参数进行实验，并对结果进行分析。本章方法在数据项设计上利用亮度恒常约束和深度恒常约束，因此亮度恒常与深度恒常之间的平衡因子设置，对场景流求解的精度具有一定影响。此外由于采用局部刚性约束，图像域的局部邻域大小对于场景流的求解也有较大影响。因此本节在调节参数部分通过 2 组实验进行分析与讨论，测试数据采用 Teddy 和 Cones 数据集，计算场景流映射光流的 AAE 与 RMSE，列出表格并画出折线图进行分析，计算的 AAE 和 RMSE 不包含遮挡区域和没有深度值的区域。

亮度恒常与深度恒常之间的平衡因子(λ)调节实验共有 4 组，实验条件是其他参数固定的情况下，平衡因子分别取值为 $\lambda = 0$，$\lambda = 0.1$，$\lambda = 0.3$，$\lambda = 0.5$，实验结果如表 8.2 所示。

表 8.2　平衡因子调节实验

平衡因子 λ	Teddy		Cones	
	RMSE	AAE	RMSE	AAE
0	3.38	1.02	0.62	0.49
0.1	0.55	0.65	0.59	0.38
0.3	0.59	0.65	1.5	0.45
0.5	1.82	0.80	11.59	1.50

由表 8.2 可见，当 $\lambda = 0$ 时，相当于只使用亮度恒常约束，没有深度恒常约束。在未使用深度恒常约束的条件下，映射光流的 RMSE 和 AAE 误差都相对偏高，即场景流的误差偏高；当 $\lambda = 0.1$ 时，各项误差最低；当 $\lambda = 0.3$ 时，误差有所回升；Cones 数据集误差变化则更为敏感，当 $\lambda = 0.5$ 时 Teddy 和 Cones 误差均变得较大。

图 8.9 为不同平衡因子时的 RMSE 变化折线图，其中横轴为 λ 的取值，纵轴为 RMSE 大小。从折线图中可以直观地发现当 $\lambda = 0.1$ 时，Teddy 和 Cones 的 RMSE 最低。

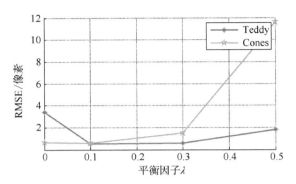

图 8.9 不同平衡因子时的 RMSE 变化折线图

图 8.10 为不同平衡因子时的 AAE 变化折线图，其中横轴为 λ 的不同取值，纵轴为 AAE 大小。从折线图中可以直观地发现当 $\lambda = 0.1$ 时，Teddy 和 Cones 的 AAE 最低。

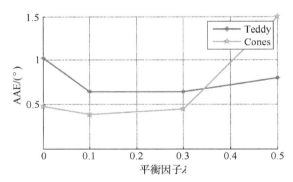

图 8.10 不同平衡因子时的 AAE 变化折线图

通过亮度恒常与深度恒常之间平衡因子 (λ) 的调节实验，可以得出结论，在基本的亮度恒常约束基础上，加入深度恒常约束有助于提高场景流的计算精度。针对 Teddy 与 Cones 数据集，当两者之前的平衡因子 $\lambda = 0.1$ 时，场景流计算精度最高。

针对图像域邻域大小的选择，本章场景流计算利用了局部刚性假设，即假设在图像邻域内的点具有相同的运动，并将该假设施加到数据项上。不同的邻域大小会对场景流的计算精度产生影响，为研究不同邻域对场景流精度的影响并寻找最佳邻域设置，在 Middlebury 立体数据集上进行实验。在不同邻域大小情况下计算场景流映射光流，通过分析其映射光流的误差情况来分析最佳邻域参数。同时，统计了不同邻域情况下的算法时间，分析场景流的计算效率，以综合考虑最佳邻域约束参数的设置，实验结果如表 8.3 所示。实验结果是在固定其他参数不变时只改变邻域大小得到的。

表8.3　邻域大小调整结果

$N(x)$	Teddy			Cones		
	RMSE	AAE	Time	RMSE	AAE	Time
1×1	25.89	6.09	81s	162.78	25.20	96s
3×3	1.39	0.88	87s	11.59	1.50	100s
5×5	0.65	0.74	101s	3.95	0.75	113s
7×7	0.58	0.69	126s	0.69	0.40	154s
9×9	0.55	0.65	150s	0.59	0.39	166s
11×11	0.53	0.62	172s	0.63	0.40	212s

根据表 8.3 的结果，在 Teddy 数据集中，随着邻域范围的不断扩大，计算精度不断提高，当 $N(x)=1×1$ 时，相当于没有利用局部刚性假设，RMSE 和 AAE 均较高，说明场景流估计误差较大；当 $N(x)=3×3$ 时，与 $N(x)=1×1$ 的情况相比误差明显下降；当 $N(x)=5×5$ 时，其 RMSE 值与 $N(x)=3×3$ 的情况相比下降了一半，AAE 也有明显下降，且此时的误差已达到相对较低的水平。随着邻域的不断扩大，RMSE 和 AAE 有所减小，但是误差逐渐趋于稳定。在 Teddy 数据集上的计算结果，之所以邻域越大，误差越小，主要原因是纹理单调，颜色或亮度均匀的区域较多，区域的亮度、颜色、结构反差较小。在 Cones 数据集上的实验，$N(x)=1×1 \sim N(x)=9×9$ 与 Teddy 类似，随着邻域的不断扩大，计算误差不断减小，但是当 $N(x)=11×11$ 时，其 RMSE 和 AAE 均有所升高。造成误差升高的主要原因是纹理比较丰富，颜色或亮度均匀的区域较少，区域的亮度、颜色、结构反差较大，当邻域过大时，会造成局部信息被平均掉，反而造成误差升高。利用折线图的形式展示 Teddy 和 Cones 数据集上光流 RMSE 变化折线图如图 8.11 所示。

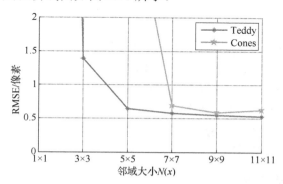

图 8.11　不同邻域时的映射光流 RMSE 变化折线图

图 8.11 中，在邻域大小设置较小时，Teddy 和 Cones 数据集的映射光流 RMSE 相对很大，随着邻域的不断扩大，计算误差呈递减趋势，但是当邻域扩大到 $N(x)=11×11$ 时，从折线图中可以观察到 Cones 数据集上的 RMSE 有所升高。

利用折线图的形式展示 Teddy 和 Cones 数据集上光流 AAE 变化折线如图 8.12 所示。

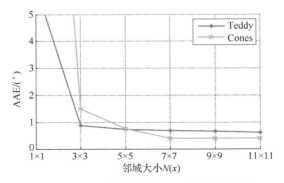

图 8.12　不同邻域时的 AAE 变化折线图

不同邻域时的场景流计算时间变化折线如图 8.13 所示。

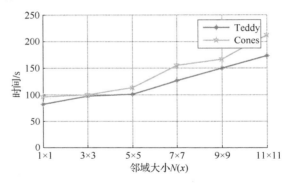

图 8.13　不同邻域时计算时间变化折线图

结合表 8.3 的结果以及图 8.11 和图 8.12 的误差折线，可以得出结论，随着邻域从小逐渐增大，Teddy 数据集上的 AAE 和 RMSE 大体趋势逐渐趋于稳定，但是当邻域由 9×9 增大到 11×11 时，Cones 数据集上的误差反而有所升高，这说明邻域约束并不是越大越好，最佳邻域受图像的纹理信息丰富程度以及结构反差等因素的影响。观察图 8.13 可知，邻域越大计算时间越长，综合各种因素，针对 Middlebury 数据集，选取 9×9 邻域约束是相对较优的。

8.4.3　真实数据场景流计算评估

本章研究基于 RGB-D 图像的场景流计算，需要 t 时刻和 $t+1$ 时刻对齐的彩色纹理图和深度图计算场景流。本节利用深度传感器获取真实场景的 RGB-D 图像进行场景流估计，RGB-D 图像利用微软公司的 Kinect V1 获取，如图 8.14 所示。

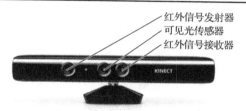

图 8.14　Kinect V1 实物图

由图 8.14 可见，Kinect V1 包括红外信号发射器、红外信号接收器、可见光传感器等部件，可获取分辨率为 640×480 的彩色纹理图像和深度图像，且通过调用 Kinect 的开源代码能够实现深度图和彩色纹理图的视角对齐。Kinect 在 t 时刻和 $t+1$ 时刻获取的对齐彩色纹理图和深度图如图 8.15 所示。

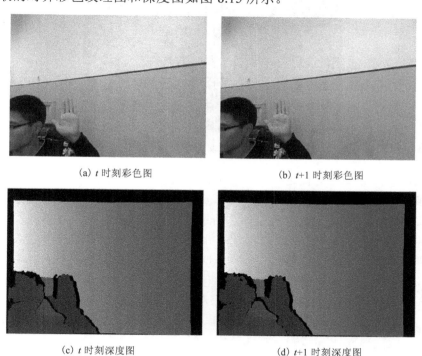

(a) t 时刻彩色图　　　　　　　　　　(b) $t+1$ 时刻彩色图

(c) t 时刻深度图　　　　　　　　　　(d) $t+1$ 时刻深度图

图 8.15　对齐的彩色纹理图和深度图

Kinect 深度相机能得到质量较好的深度图像，本节实验利用深度设备采集的可见光图像和深度图像计算场景流，利用颜色编码来显示场景流各个分量。在图 8.15 中，人的手掌朝向远离 Kinect 相机的方向运动，也就是在摄像机坐标系下沿 Z 轴方向运动。图 8.15 (a) 和图 8.15 (b) 分别为 t 时刻和 $t+1$ 时刻获取的彩色纹理图，图 8.15 (c) 和图 8.15 (d) 分别为 t 时刻和 $t+1$ 时刻获取的与彩色图对齐的深度图。深度图外围黑色区域是视角对齐时对深度图进行对齐裁剪并将裁剪区域置零产生的。同时,深度值缺失的区域也被置零,这些区域是由于传感器发射的红外光被遮挡造成无法探测深度而产生的。

由于深度图边缘往往与运动边缘重合,本章采用深度图驱动的各向异性平滑约束,在深度图梯度较小的地方,平滑不受约束,在深度图边缘处,减弱沿深度图梯度方向的平滑,而垂直梯度方向的平滑不受影响,从而实现各向异性平滑,深度图边缘如图 8.16 所示。

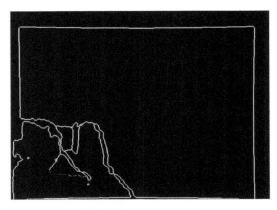

图 8.16　深度图边缘

本章场景流计算的前提是具有有效的深度值,此时才能进行三维坐标和二维坐标的转换,以及施加深度恒常约束,本节实验仅针对能够测得深度值的区域进行。由于不具备场景流真值,只能通过计算结果进行直观判断,并利用颜色编码的形式对场景流的每个分量单独显示。本部分实验的参数设置与 8.4.1 节实验参数设置一致,选择邻域 $N(x) = 3 \times 3$ 的情况与邻域 $N(x) = 7 \times 7$ 的情况进行比较,从而验证邻域约束的作用。同时对是否利用各向异性扩散进行了实验,在设置邻域大小为 $N(x) = 3 \times 3$ 以及 $N(x) = 7 \times 7$ 时进行了结果对比。

 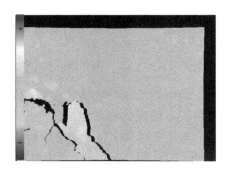

(a) 场景流 X 方向分量　　　　　　　　　　(b) 场景流 Y 方向分量

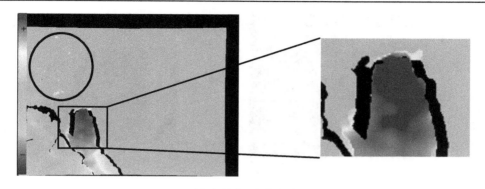

(c) 场景流 Z 方向分量

图 8.17　邻域约束 $N(x) = 3 \times 3$

图 8.17 是邻域约束为 $N(x) = 3 \times 3$ 时的场景流计算结果，黑色区域为无法进行场景流计算的区域；绿色区域代表场景流为 0 的区域，即没有运动产生；红色区域代表场景流值为正值，即运动是朝向坐标轴正方向，颜色越深代表运动幅度越大；蓝色区域代表场景流值为负值，即运动时朝向坐标轴负方向，颜色越深代表运动幅度越大。图 8.17(a) 是 X 方向的运动；图 8.17(b) 是 Y 方向的运动；图 8.17(c) 是 Z 方向的运动。

由图 8.17 观察可知，X 和 Y 方向的运动较小，Z 方向运动较大。由于实际采集的图像受摄像机分辨率以及外界光线变化的影响，噪声干扰相对 Middlebury 数据集较多，在局部刚性假设约束窗口较小的情况下，场景流计算容易受噪声干扰，如图 8.17(b) 中的头部上方区域所示。在图 8.17(c) 中，红圈圈出的部分也是由噪声干扰造成的场景流计算错误。同时由图 8.17(c) 观察可知，场景流计算在深度缺失区域无法进行。

根据上述实验出现的情况，在该实验的基础上利用 $N(x) = 7 \times 7$ 的邻域约束进行计算，结果如图 8.18 所示。

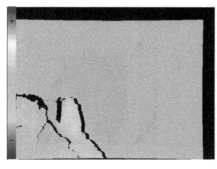

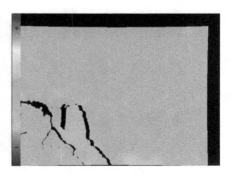

(a) 场景流 X 方向分量　　　　　　　　　(b) 场景流 Y 方向分量

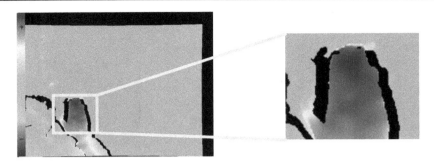

(c) 场景流 Z 方向分量

图 8.18　邻域约束 $N(x) = 7 \times 7$

对图 8.17 和图 8.18 进行对比分析，邻域增大后，场景流 X 方向受噪声干扰较小，Y 方向的计算错误已几乎不存在，Z 方向运动分量较大，效果较为明显。当邻域约束 $N(x) = 3 \times 3$ 时，背景有很多计算错误造成的斑点，但是当邻域约束变为 $N(x) = 7 \times 7$ 时，可以观察到很多错误区域都已消失，效果明显改善，但是在运动边缘处仍存在过度平滑现象，因此在该实验的基础上进一步加入各向异性扩散，实验结果如图 8.19 所示。

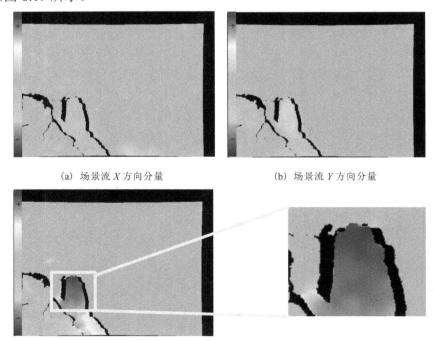

(a) 场景流 X 方向分量　　　　　　　　(b) 场景流 Y 方向分量

(c) 场景流 Z 方向分量

图 8.19　邻域约束 $N(x) = 7 \times 7$ 且使用各向异性扩散

　　由图 8.19 可见，由于 X、Y 分量的运动较小，与图 8.18 的结果无明显差别。但是在 Z 方向的运动中，图 8.18 可以观察到手指指尖周围区域存在一定的计算误差，运动边界较为模糊，使用各向异性扩散后，一定程度上克服了过度平滑，运动边缘相对清晰，验证了本章提出的深度图驱动各向异性全变分平滑的有效性。

　　为进一步验证深度图驱动各向异性平滑的实验结果，使用一组在 X、Y、Z 方向均有运动的人体实拍 RGB-D 图像进行测试，图 8.20 为测试所用对齐的彩色纹理图与深度图。

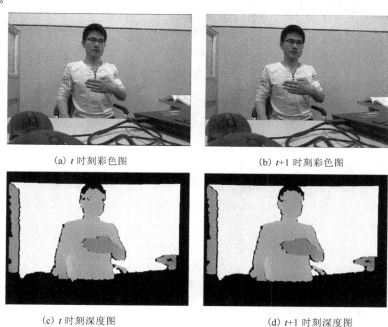

(a) t 时刻彩色图　　　　　　　　　　　(b) $t+1$ 时刻彩色图

(c) t 时刻深度图　　　　　　　　　　　(d) $t+1$ 时刻深度图

图 8.20　对齐的彩色纹理图与深度图

　　不使用深度图驱动各向异性平滑的情况下，实验结果如图 8.21 所示。

(a) 场景流 X 方向分量　　　　(b) 场景流 Y 方向分量　　　　(c) 场景流 Z 方向分量

图 8.21　未使用各向异性扩散的结果

使用深度图驱动各向异性平滑的情况下，实验结果如图 8.22 所示。

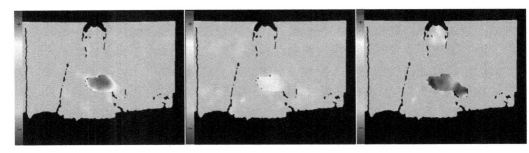

(a) 场景流 X 方向分量　　　　　(b) 场景流 Y 方向分量　　　　　(c) 场景流 Z 方向分量

图 8.22　使用各向异性扩散的结果

该组实验的运动相对较为复杂，X、Y、Z 三个方向均存在运动，通过图 8.21 和图 8.22 的对比可以发现，未使用深度图各向异性平滑时，各分量运动边缘都比较模糊，主要原因是对运动边缘的扩散缺乏方向性，且运动边缘估计不准确。在全变分惩罚函数基础上加入深度图驱动各向异性扩散后，由于深度边缘往往与运动边缘重合，就可以利用深度图相对准确的边缘信息引导对场景流的平滑，进而保持运动边界准确、清晰。综上，本节实验验证了本章使用的局部刚性假设与深度图驱动各向异性平滑的有效性。

本 章 小 结

本章给出了一种面向 RGB-D 图像序列的变分场景流计算方法，其基于局部刚性假设和深度图驱动各向异性平滑。首先介绍场景流能量泛函的设计，将场景流映射到二维空间，在图像域约束场景流，在能量泛函数据项设计中，基于局部刚性假设，并利用亮度恒常和深度恒常约束场景流。在平滑项设计中将深度图驱动各向异性扩散加入到全变分平滑中，构建深度图引导的平滑项。在能量泛函极小化中，为降低求解复杂度，引入场景流辅助变量，采用分步求解策略。数据项利用高斯-牛顿法求解，平滑项使用 ROF 模型求解。两个能量泛函交替运算完成场景流求解。

在场景流实验评估与误差分析部分，首先介绍了实验环境和评估准则，随后在Middlebury 立体数据集上与其他场景流方法及经典光流方法进行了对比分析。接着进行了算法参数调节优化实验，包括邻域大小设置、亮度恒常与深度恒常约束之间的平衡因子调节，并通过表格和折线图的形式分析了不同参数设置下的误差变化情况。最后利用 Kinect V1 获取对齐的彩色纹理图和深度图，进行基于实拍 RGB-D 图像序列的场景流评估实验，通过对人体手部运动的场景流结果进行分析，验证了本章使用的局部刚性假设对噪声的滤除作用，及深度图驱动各向异性平滑对运动边缘的保持作用，证明了本章方法的有效性。

第9章 基于场景流聚类的运动目标检测

9.1 引　　言

　　计算机视觉中的一项重要任务是实现运动目标检测，乃至实现对图像序列或者视频的分析与理解。运动目标检测是计算机视觉领域的重要研究方向，有着广泛的应用，如视频监控、人机交互、场景分析等。静态背景运动目标检测的经典方法有背景减除法、帧间差分法和光流法。背景减除法通过背景建模的方式提取出运动目标，但是这种方法对环境变化较为敏感，且只适用于摄像机固定的情况。帧间差分法是对相邻的两帧或者三帧图像作差以得到运动区域，但是这种方法要求目标运动时有明显的亮度变化，否则易造成漏检。光流法是运动目标检测的重要方法，该方法计算光流矢量时，根据目标运动和背景运动的差异进行运动目标检测，在动态背景下，该方法也能取得较好的效果。上述方法仅使用二维信息进行运动目标检测，场景的深度信息未被利用，在需要对运动目标进行三维检测与定位的应用中难以奏效，此时可利用场景流完成此类任务。

　　场景流可看作光流在三维空间的扩展，表示场景中的三维稠密运动。相对于光流，更能描述真实的物体运动。本章提出一种基于场景流聚类的三维运动目标检测方法。首先使用第 8 章介绍的 RGB-D 图像序列场景流计算方法提取三维稠密运动信息，然后利用迭代自组织数据分析算法(Iterative Self Organizing Data Analysis Techniques Algorithm，ISODATA)对场景流进行聚类分析，最终得到运动目标的三维信息。

9.2　ISODATA 聚类分析

　　ISODATA 是聚类分析中的一种常用无监督动态聚类算法，是 K 均值算法的改进。K 均值算法必须事先设置聚类数目，而 ISODATA 可以自动调节聚类数目，能够根据条件进行分裂、合并直至满足要求。

　　ISODATA 中需要设置的参数如下。

　　K：预期的聚类中心数目。

　　θ_N：每一聚类域中最少的样本数。

　　θ_S：一个聚类域中样本距离分布的标准差。

θ_C：聚类中心间的最小距离。

L：在一次迭代运算中可以合并的聚类中心的最大对数。

I：迭代运算的次数。

ISODATA 聚类的流程图如图 9.1 所示。

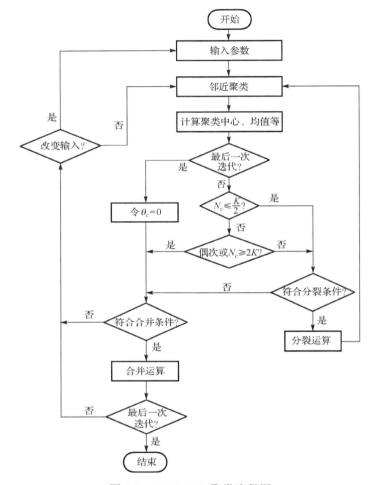

图 9.1　ISODATA 聚类流程图

由图 9.1 可见，利用 ISODATA 进行聚类分析的基本流程如下。

步骤 1：输入 N 个模式样本 $\{x_i, i=1,2,\cdots,N\}$，确定 N_c 个初始聚类中心 $\{z_1, z_2, \cdots, z_{N_c}\}$ 和 6 个初始参数 $(K, \theta_N, \theta_C, \theta_S, L, I)$。

步骤 2：对 N 个样本进行类别划分，如果 $D_j = \min\{\|x-z_i\|, i=1,2,\cdots,N_c\}$，即 $\|x-z_j\|$ 值最小，则样本 x 属于 S_j，其中 S_j 表示聚类域。

步骤 3：若聚类域 S_j 中的样本数量小于设定的阈值 θ_N，那么取消聚类域 S_j，此时 N_c 减去 1。

步骤 4：修正各聚类中心

$$z_j = \frac{1}{N_j} \sum_{x \in S_j} x, \quad j = 1, 2, \cdots, N_c \tag{9-1}$$

步骤 5：计算每个聚类域 S_j 的 z_j 与聚类域内的样本之间的平均距离

$$\bar{D}_j = \frac{1}{N_j} \sum_{x S_j} \|x - z_j\|, \quad j = 1, 2, \cdots, N_c \tag{9-2}$$

步骤 6：计算所有聚类中心与其对应样本之间的平均距离

$$\bar{D} = \frac{1}{N} \sum_{j=1}^{N} N_j \bar{D}_j \tag{9-3}$$

步骤 7：根据条件判断是否进行分裂或者合并：

若迭代次数已达到设置的最大迭代次数 I，则令 θ_C 等于 0，转至步骤 11；

若 $N_c \leqslant 0.5K$，即聚类域的数目不大于设定值 K 的 1/2，则转至步骤 8；

若 $N_c \geqslant 2K$，或者运行次数为偶数次，则不进行分裂操作，转至步骤 11，否则转至步骤 8。

步骤 8：计算每个聚类中样本距离的标准差向量

$$\sigma_j = (\sigma_{1j}, \sigma_{2j}, \cdots, \sigma_{nj})^{\mathrm{T}} \tag{9-4}$$

其中向量的各个分量为

$$\sigma_{ij} = \sqrt{\frac{1}{N_j} \sum_{k=1}^{N_j} (x_{ik} - z_{ij})^2} \tag{9-5}$$

其中，$i = 1, 2, \cdots, n$ 为特征向量维数；$j = 1, 2, \cdots, N_c$ 为聚类域的数量；N_j 为 S_j 中的样本数量。

步骤 9：求 $\{\sigma_j, j = 1, 2, \cdots, N_c\}$ 的最大值，以 $\{\sigma_{j\max}, j = 1, 2, \cdots, N_c\}$ 表示。

步骤 10：在 $\{\sigma_{j\max}, j = 1, 2, \cdots, N_c\}$ 中，如果有 $\sigma_{j\max} > \theta_S$，同时满足 $\bar{D}_j > \bar{D}$ 和 $N_j > 2(\theta_N + 1)$，$N_c \leqslant 0.5K$，则对聚类域进行分裂，对应的聚类中心 z_j 分裂为两个新的聚类中心 z_j^+ 和 z_j^-，并且 N_c 加 1，z_j^+ 对应的 $\sigma_{j\max}$ 变为 $\sigma_{j\max} + k\sigma_{j\max}$，$z_j^-$ 对应的 $\sigma_{j\max}$ 变为 $\sigma_{j\max} - k\sigma_{j\max}$，其中 $0 < k < 1$；如果本步骤完成了分裂运算，则转至步骤 2，否则继续进行分裂。

步骤 11：分别计算聚类中心之间距离

$$D_{ij} = \parallel z_i - z_j \parallel, \quad i = 1, 2, \cdots, N_c - 1, \quad j = i + 1, \cdots, N_c \tag{9-6}$$

步骤 12：对聚类中心间的距离 D_{ij} 与设定阈值 θ_C 进行比较，将满足 $D_{ij} \leq \theta_C$ 的值按增序排列。

步骤 13：对满足 $D_{ij} \leq \theta_C$ 的聚类域进行合并操作，距离为 $D_{i_k j_k}$ 的两个聚类中心 z_{i_k} 与 z_{j_k} 按式 (9-7) 合并为一个聚类中心

$$z_k^* = \frac{1}{N_{i_k} + N_{j_k}} [N_{i_k} z_{i_k} + N_{j_k} z_{j_k}], \quad k = 1, 2, \cdots, L \tag{9-7}$$

步骤 14：若当前迭代次数达到最大迭代次数，则算法停止运行，输出结果；否则，若用户改变参数设置，则转至步骤 1 重新聚类，若输入参数不变，则转至步骤 2，同时令迭代次数加 1。

为进行基于场景流的运动目标检测，需要将场景中每个表面点表示成一个多维特征向量，然后利用 ISODATA 对所有点的特征向量进行聚类分析。

9.3　基于场景流聚类的 3D 目标检测

计算得到的场景流包括背景区域运动和目标运动，两者的场景流是有明显差别的。每个点的场景流矢量在幅值和方向上均会有所不同，故可将每个点的场景流方向信息和幅值信息作为该点的特征，组成该点的特征向量，输入 ISODATA 进行聚类。

假设场景中每个三维表面点的场景流为 $v(v_x, v_y, v_z)$，其特征信息包括场景流在 X、Y、Z 三个方向上的分量 v_x、v_y、v_z，场景流模值 $|v| = \sqrt{v_x^2 + v_y^2 + v_z^2}$，以及三维表面点场景流与 xoy 平面、xoz 平面、yoz 平面的夹角。场景流与 xoy 平面的夹角表示为

$$\theta_x = \arcsin \frac{v_x}{\sqrt{v_x^2 + v_y^2 + v_z^2}} \tag{9-8}$$

场景流与 xoz 平面的夹角表示为

$$\theta_y = \arcsin \frac{v_y}{\sqrt{v_x^2 + v_y^2 + v_z^2}} \tag{9-9}$$

场景流与 yoz 平面的夹角表示为

$$\theta_z = \arcsin \frac{v_z}{\sqrt{v_x^2 + v_y^2 + v_z^2}} \tag{9-10}$$

因此每个场景表面点都可用一个七维特征向量来表示，即 $x_n = (v_x, v_y, v_z, |v|, \theta_x, \theta_y, \theta_z)$。对于无法求得场景流的点和无运动的点，定义其特征向量为 $x_n = (0, 0, 0, 0, 0, 0, 0)$。对具有七维特征向量的所有三维场景表面点进行聚类，得到的

聚类区域包括背景区域和目标区域。依据先验知识，满足一定面积、形状或运动形态的区域即可判定为运动目标。

9.4　实　验　分　析

本节通过实验检验本章提出的基于场景流聚类的三维运动目标检测方法的有效性。实验所用的 RGB-D 图像序列利用 Kinect V1 获取，序列的每一帧都包括对齐的彩色纹理图和深度图，场景中包含移动人体目标。

实验中首先利用第 8 章提出的 RGB-D 场景流方法计算场景流，然后利用 ISODATA 进行场景流聚类，配合面积与运动筛选即可进行三维运动目标检测，算法参数设置如表 9.1 所示。

表 9.1　ISODATA 参数设置

参数种类	K	θ_N	θ_S	θ_C	L	I
参数设置	3	1000	5.5	0.1	2	10

第 1 组实验的 RGB-D 图像序列如图 9.2 所示，深度图中玻璃窗位置由于无法获取正确的红外散斑图像故无法测得深度值，对应区域被置为 0。

(a) t 时刻彩色图　　　　　　　　　　　　　(b) $t+1$ 时刻彩色图

(c) t 时刻深度图　　　　　　　　　　　　　(d) $t+1$ 时刻深度图

图 9.2　对齐的彩色纹理图与深度图

使用第 8 章的方法得到的场景流计算结果如图 9.3 所示，图 9.3(a)、图 9.3(b)、图 9.3(c) 分别为场景流 X、Y、Z 三个方向上的分量，图 9.3(d) 为场景流聚类结果。

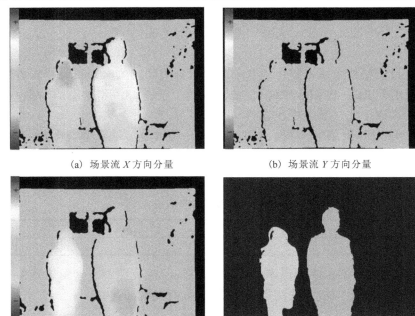

(a) 场景流 X 方向分量   (b) 场景流 Y 方向分量

(c) 场景流 Z 方向分量   (d) 聚类结果

图 9.3　场景流计算及聚类结果

图 9.3 中存在两个人体目标，其在 X 方向和 Z 方向均有运动，根据场景流提供的运动信息，利用 ISODATA 进行动态聚类，并把聚类结果用不同颜色进行标注，得到图 9.3(d) 的结果，可见两个运动人体目标被正确提取出来。完成聚类后对目标进行编号，同时提取运动目标的三维信息，包括摄像机坐标系下的质心位置以及对应目标与摄像机之间的实际距离，最终结果如图 9.4 所示。

图 9.4　三维运动目标检测结果

由图 9.4 可见，不同的运动目标被用不同颜色的矩形框标记出来，并显示了对应的三维信息。其中目标 A 在摄像机坐标系下的质心坐标为 $(0.145，0.118，2.056)$，目标 B 在摄像机坐标系下的质心坐标为 $(-0.520，0.245，2.039)$，单位均为米。实验表明本章提出的场景流聚类运动目标检测方法不但能正确检测出场景中的多运动目标，而且可以得到目标在摄像机坐标系下的三维坐标。

第 2 组实验的 RGB-D 图像序列如图 9.5 所示。与第 1 组实验不同，第 2 组实验的人体目标只有摄像机坐标系下 Z 方向的运动。相比于场景流，光流已被广泛应用于运动目标检测，但光流只是对真实场景运动的近似，在三维运动投影到二维图像平面时，损失了深度信息，影响运动目标检测的效果。而场景流描述的是三维稠密运动，能够准确得到 Z 方向的运动信息，提升检测效果，并得到目标三维物理坐标，有利于进一步的场景分析。

(a) t 时刻彩色图

(b) $t+1$ 时刻彩色图

(c) t 时刻深度图

(d) $t+1$ 时刻深度图

图 9.5　对齐的彩色纹理图和深度图

场景流计算结果及聚类结果如图 9.6 所示，图 9.6(a)、图 9.6(b)、图 9.6(c) 分别为场景流的 X、Y、Z 三个方向上的分量，图 9.6(d) 为场景流聚类结果。

(a) 场景流 X 方向分量

(b) 场景流 Y 方向分量

(c) 场景流 Z 方向分量

(d) 聚类结果

图 9.6 场景流计算及聚类结果

从图 9.6 可以看出，利用本章提出的方法得到的场景流结果 Z 分量图边界清晰准确，高精度的运动估计有利于对目标进行准确的三维检测与空间定位。利用 ISODATA 聚类后，运动目标在彩色纹理图中的标记以及三维位置信息如图 9.7 所示。

图 9.7 三维运动目标检测结果

图 9.7 中，运动目标使用矩形框作了标记，并显示出三维坐标信息，人体目标

在摄像机坐标系下的质心坐标为 (0.003，0.047，1.542)，单位为米。通过深度方向的运动检测实验验证了本章方法的有效性。

　　综合两组实验的结果，表明本章提出的场景流聚类三维运动目标检测方法针对场景中的复杂多目标运动具有较好的适应能力和通用性，相对于二维运动检测方法，能提供更准确的结果与更丰富的信息。

本　章　小　结

　　本章提出了利用 ISODATA 进行场景流聚类的三维运动目标检测方法。在介绍 ISODATA 原理及工作流程的基础上，定义了用于三维运动目标检测的七维场景流特征向量，给出了场景流聚类方法，并通过两组实验验证了所提出方法的有效性。

参 考 文 献

卢宗庆. 2007. 运动图像分析中的光流计算方法研究[D]. 西安: 西安电子科技大学.

马颂德, 张正友. 1998. 计算机视觉: 计算理论与算法基础[M]. 北京: 科学出版社.

梅广辉, 陈震, 危水根, 等. 2011. 图像光流联合驱动的变分光流计算新方法[J]. 中国图象图形学报, 16(12): 2159-2168.

项学智, 开湘龙, 张磊, 等. 2014. 一种变分偏微分多模型光流求解方法[J]. 仪器仪表学报, 35(1): 109-116.

项学智, 赵春晖, 李康. 2008. 一种彩色光流估计算法[J]. 哈尔滨工程大学学报, 29(6): 604-609.

项学智, 赵春晖. 2008. 基于 HSV 的改进彩色图像光流场估计算法[J]. 弹箭与制导学报, 28(2): 197-201.

项学智, 赵春晖. 2008. 基于色彩梯度恒常性的光流场估计算法[J]. 哈尔滨工程大学学报, 29(4): 400-406.

项学智, 赵春晖. 2008. 基于形态梯度恒常的复值小波光流求解[J]. 哈尔滨工程大学学报, 29(8): 872-876.

项学智, 赵春晖. 2009. 局部与全局结合的彩色图像序列光流场计算模型[J]. 计算机工程, 35(3): 7-9, 50.

杨新. 2003. 图像偏微分方程的原理与应用[M]. 上海: 上海交通大学出版社.

张聪炫, 陈震, 黎明, 等. 2012. 基于变分光流的三维运动检测与稠密结构重建[J]. 仪器仪表学报, 33(6): 1315-1323.

张泽旭. 2004. 多尺度微分光流算法与应用研究[D]. 哈尔滨: 哈尔滨工业大学.

Ahmadi A, Patras I. 2016. Unsupervised convolutional neural networks for motion estimation[C]. IEEE International Conference on Image Processing: 1629-1633.

Alvarez L, Deriche R. 2007. Symmetrical dense optical flow estimation with occlusions detection[J]. International Journal of Computer Vision, 75(3): 371-385.

Andrew J, Lovell B C. 2003. Color optical flow[C]. Workshop on Digital Image Computing, Brisbane, 1(1): 135-139.

Bao L, Yang Q, Jin H. 2014. Fast edge-preserving PatchMatch for large displacement optical flow[C]. IEEE Conference on Computer Vision and Pattern Recognition: 3534-3541.

Barron J L. 1997. Systems and experiment rerformance of optical flow techniques[J]. International Journal of Computer Vision, 12(2): 72-74.

Barron J, Klette R. 2002. Quantitative color optical flow[C]. International Conference on Pattern Recognition: 251-255.

Basha T, Moses Y, Kiryati N.2013. Multi-view scene flow estimation: A view centered variational approach[C]. International Journal of Computer Vision, 101(1): 6-21.

Bauer N, Pathirana P, Hodgson P. 2006. Robust optical flow with combined Lucas-Kanade/Horn-Schunck and automatic neighborhood selection[C]. International Conference on Information and Automation: 378-383.

Black M J, Anandan P. 1996. The robust estimation of multiple motions: Parametric and piecewise-smooth flow fields[J]. Computer Vision & Image Understanding, 63(1):75-104.

Brox T, Bruhn A, Papenberg N, et al. 2004. High accuracy optical flow estimation based on a theory for warping[C]. European Conference on Computer Vision: 25-36.

Brox T, Malik J. 2011. Large displacement optical flow: Descriptor matching in variational motion estimation[J]. IEEE Transaction on Pattern Analysis and Machine Intelligence, 33(3): 500-513.

Bruhn A, Weickert J. 2005. Lucas/Kanade meets Horn/Schunck: Combining local and global optic flow methods[J]. International Journal of Computer Vision, 61(3): 211-231.

Bruhn A, Weickert J. 2005. Towards ultimate motion estimation: Combining highest accuracy with real-time performance[C]. IEEE International Conference on Computer Vision: 749-755.

Corpetti T, Heitz D, Arroyo G, et al. 2006. Fluid experimental flow estimation based on an optical-flow scheme[J]. Experiments in Fluids, 40(1): 80-97.

Felzenszwalb P F, Huttenlocher D P. 2006. Efficient belief propagation for early vision[J]. International Journal of Computer Vision, 70(1):41-54.

Fischer P, Dosovitskiy A, Ilg E, et al. 2015. FlowNet: Learning optical flow with convolutional networks[C]. IEEE International Conference on Computer Vision: 2758-2766.

Franke U, Rabe C, Gehrig S. 2005. 6D-vision: Fusion of stereo and motion for robust environment perception[C]. Dagm Conference on Pattern Recognition: 216-223.

Gibson J J. 1950. The Perception Of The Visual World[M]. Oxford England: Houghton Mifflin.

Golland P, Bruckstein A M. 1995. Motion from color[J]. Computer Vision & Image Understanding, 68(3):346-362.

Hadfield S, Bowden R. 2011. Kinecting the dots: particle based scene flow from depth sensors[C]. IEEE International Conference on Computer Vision: 2290-2295.

Hoey J, Little J J. 2003. Bayesian clustering of optical flow fields[C]. IEEE International Conference on Computer Vision, 2: 1086.

Hong L, Chen G. 2004. Segment-based stereo matching using graph cuts[C]. IEEE Conference on Computer Vision and Pattern Recognition, 1: 74-81.

Horn B K P, Schunck B G. 1981. Determining optical flow[J]. Artificial Intelligence, 17(1-3):185-203.

Hu P, Wang G, Tan Y P. 2018. Recurrent spatial pyramid CNN for optical flow estimation[J]. IEEE Transactions on Multimedia.

Huguet F, Devernay F. 2007. A variational method for scene flow estimation from stereo sequences[C]. IEEE International Conference on Computer Vision: 1-7.

Hung C, Xu L, Jia J. 2012. Consistent binocular depth and scene flow with chained temporal profiles[J]. International Journal of Computer Vision, 102(1-3): 271-292.

Ilg E, Mayer N, Saikia T, et al. 2017. FlowNet 2.0: Evolution of optical flow estimation with deep networks[C]. IEEE Conference on Computer Vision and Pattern Recognition: 1647-1655.

Isard M, Maccormick J. 2006. Dense motion and disparity estimation via loopy belief propagation[C]. Asian Conference on Computer Vision: 32-41.

Jaderberg M, Simonyan K, Zisserman A, et al. 2015. Spatial transformer networks[C]. Neural Information Processing Systems: 2017-2025.

Jahne B. 1995. Digital Image Processing-Concepts, Algorithms and Scientific Applications[M]. 3nd ed. Berlin Heidelberg: Springer-Verlag.

Klaus A, Sormann M, Karner K. 2006. Segment-based stereo matching using belief propagation and a self-adapting dissimilarity measure[C]. International Conference on Pattern Recognition: 15-18.

Lipton A J, Fujiyoshi H, Patil R S. 1998. Moving target classification and tracking from real-time video[C]. IEEE Workshop on Applications of Computer Vision: 8-14.

Lucas B D, Kanade T. 1981. An iterative image registration technique with an application to stereo vision[C]. International Joint Conference on Artificial Intelligence: 674-679.

Lukins T C, Fisher R B. 2005. Colour constrained 4D flow[C]. British Machine Vision Conference: 340-348.

Mayer N, Ilg E, Häusser P, et al. 2015. A large dataset to train convolutional networks for disparity, optical flow and scene flow estimation[C]. IEEE Conference on Computer Vision and Pattern Recognition: 4040-4048.

Min D, Sohn K. 2006. Edge-preserving simultaneous joint motion-disparity estimation[C]. International Conference on Pattern Recognition: 74-77.

Nagel H H, Enkermann W. 1986. An investigation of smoothness constraints for the estimation of displacement vector fields from image sequences[J]. IEEE Transaction on Pattern Analysis and Machine Intelligence, 5: 565-593.

Ohta N. 1989. Optical flow detection by color images[C]. IEEE International Conference on Image Processing: 78-84.

Pons J P, Keriven R, Faugeras O. 2007. Multi-view stereo reconstruction and scene flow estimation with a global image-based matching score[J]. International Journal of Computer Vision, 72(2):179-193.

Pourazad M T, Nasiopoulos P, Ward R K. 2009. An H.264-based scheme for 2D to 3D video conversion[J]. IEEE Transactions on Consumer Electronics, 55(2):742-748.

Quiroga J, Devernay F, Crowley J. 2014. Local scene flow by tracking in intensity and depth[J]. Journal of Visual Communication and Image Representation, 25 (1): 98-107.

Quiroga J, Devernay F, Crowley J. 2014. Local/global scene flow estimation[C]. IEEE International Conference on Image Processing: 3850-3854.

Rabe C, Franke U, Gehrig S. 2007. Fast detection of moving objects in complex scenarios[C]. IEEE Intelligent Vehicles Symposium: 398-403.

Rabe C, Müller T, Wedel A, et al. 2010. Dense, robust and accurate motion field estimation from stereo image sequences in real-time[C]. European Conference on Computer Vision, 4: 582-595.

Raffel M, Willert C, Wereley S, Kompenhans J. 2001. Partical Image Velocimetry[M]. 2nd ed. Berlin Heidelberg: Springer-Verlag.

Ranjan A, Black M J. 2017. Optical flow estimation using a spatial pyramid network[C]. IEEE Conference on Computer Vision and Pattern Recognition： 2720-2729.

Ren Z, Yan J, Ni B, et al. 2017. Unsupervised deep learning for optical flow estimation[C]. AAAI Conference on Artificial Intelligence, 3: 1495-1501.

Scharstein D, Szeliski R. 2002. A taxonomy and evaluation of dense two-frame stereo correspondence algorithms[J]. International Journal of Computer Vision, 47(1/2/3): 7-42.

Spies H, Haußecker H, Jähne B, et al. 1999. Differential range flow estimation[C]. DAGM-Symposium: 309-316.

Spies H, Jähne B, Barron J L. 2000. Regularised range flow[C]. European Conference on Computer Vision: 785-799.

Spies H, Jähne B, Barron J L. 2002. Range flow estimation[J]. Computer Vision and Image Understanding, 85(3): 209-231.

Stauffer C, Grimson W E L. 1999. Adaptive background mixture models for real-time tracking[C]. IEEE Conference on Computer Vision and Pattern Recognition, 2: 252.

Sun D, Roth S, Black M J. 2010. Secrets of optical flow estimation and their principles[C]. IEEE Conference on Computer Vision and Pattern Recognition: 2432-2439.

Talcott J B, Hansen P C, Assoku E L, et al. 2000. Visual motion sensitivity in dyslexia: Evidence for temporal and energy integration deficits[J]. Neuropsychologia, 38(7): 935-943.

Teney D, Hebert M. 2016. Learning to extract motion from videos in convolutional neural networks[C]. Asian Conference on Computer Vision: 412-428.

Tretiak O, Pastor L. 1984. Velocity estimation from image sequences with second order differential operators[C]. International Conference on Pattern Recognition: 16-19.

Valgaerts L, Bruhn A, Zimmer H, et al. 2010. Joint estimation of motion, structure and geometry from stereo sequences[C]. European Conference on Computer Vision, 4: 568-581.

Vaquero V, Ros G, Moreno-Noguer F, et al. 2017. Joint coarse-and-fine reasoning for deep optical flow[C]. IEEE International Conference on Image Processing: 2558-2562.

Vedula S, Baker S, Rander P, et al. 1999. Three dimensional scene flow[C]. IEEE International Conference on Computer Vision: 722-729.

Verri A, Poggio T. 1989. Motion field and optical flow: Qualitative properties[J]. IEEE Transactions on Pattern Analysis & Machine Intelligence, 11(5): 490-498.

Vogel C, Schindler K, Roth S. 2015. 3D scene flow estimation with a piecewise rigid scene model[J]. International Journal of Computer Vision, 115(1): 1-28.

Wedel A, Brox T, Vaudrey T, et al. 2011. Stereoscopic scene flow computation for 3D motion understanding[J]. International Journal of Computer Vision, 95: 29-51.

Wedel A, Pock T, Zach C, et al. 2009. An improved algorithm for TV-L1 optical flow[J]// Statistical and Geometrical Approaches to Visual Motion Analysis. Berlin Heidelberg Springer-Verlag, 5604(7): 23-45.

Weijer J, gevers T A, Smeulders A W M. 2006. Robust photometric invariant features from the color tensor[J]. IEEE Transactions on Image Processing, 15(1): 118-127.

Werlberger M, Pock T, Bischof H. 2010. Motion estimation with non-local total variation regularization[C]. IEEE Conference on Computer Vision and Pattern Recognition: 2464-2471.

Wulff J, Black M J. 2015. Efficient sparse-to-dense optical flow estimation using a learned basis and layers[C]. Computer Vision and Pattern Recognition: 120-130.

Xiang X, Ali S M, Zhai M, et al. 2017. Scene flow estimation methodologies and applications - A review[C]. Chinese Control and Decision Conference: 5424-5429.

Xiang X, Bai E, Xu W, et al. 2017. 3D target detection and tracking based on scene flow[C]. IEEE International Conference on Electronic Information and Communication Technology: 240-243.

Xiang X, Xiao D, Zhai M, et al. 2017. A method of scene flow estimation with bilateral filter and adaptive TV (Total Variation) penalty function[C]. IEEE, Information Technology, Networking, Electronic and Automation Control Conference: 883-887.

Xiang X, Xu W, Bai E, et al. 2016. Motion detection based on RGB-D data and scene flow clustering[C]. The World Congress on Intelligent Control and Automation: 814-817.

Xiang X, Zhang R, Zhai M, et al. 2018. Scene flow estimation based on adaptive anisotropic total variation flow-driven method[J]. Mathmetical Problem in Engineering: 1-10.

Xiang, X, Zhai M, Zhang R, et al. 2018. Scene flow estimation based on 3D local rigidity assumption and depth map driven anisotropic smoothness[J]. IEEE Access, 6: 30012-30023.

Xiang X Z, Zhao C H, Zhang L. 2008. A method of color optical flow computation with local and global model combined[C]. The World Congress on Intelligent Control and Automation: 8492-8496.

Xie W, Lu Z, Pei J. 2006. An optical flow method for micro blood motion image computation[J]. Chinese Journal of Electronics, 15(4): 797-802.

Xu L, Jia J, Matsushita Y. 2012. Motion detail preserving optical flow estimation[J]. IEEE Transactions on Pattern Analysis & Machine Intelligence, 34(9):1744-1757.

Yu J J, Harley A W, Derpanis K G. 2016. Back to basics: unsupervised learning of optical flow via brightness constancy and motion smoothness[C]. European Conference on Computer Vision Workshops: 3-10.

Zenzo S D. 1986. A note on the gradient of a multi-image[J]. Computer Vision, Graphics and Image Processing, 33: 116-125.

Zhang Y, Xiang X, Zhao J. 2012. 2D to 3D video conversion based on color segmentation and hight quality motion information[C]. ACM Multimedia International Workshop on Cloud-Based Multimedia Applications and Services for E-Health: 21-26.

Zhu Y, Newsam S. 2017. DenseNet for dense flow[C]. IEEE Conference on Image Processing: 790-794.

Zimmer H, Bruhn A, Weickert J. 2011. Optic flow in harmony[J]. International Journal of Computer Vision, 93(3): 368-388.